Metodología PETRA
Transformación Humana y Digital de una Empresa

Metodología PETRA
Transformación Humana y Digital de una Empresa

Ramón Cabezas
Juan Pardo

Copyright © 2017 Ramón Cabezas y Juan Pardo

Portada: © Ramón Cabezas

All rights reserved

ISBN-13: 978-1979343381

ISBN: 1979343381

Rev. 1.0

Te escuchamos. Escríbenos tus sugerencias, dudas, errores que detectes o simplemente lo que te apetezca. Puedes hacerlo en: info@kaps.es

Índice:

Prólogo 23

La transformación como una necesidad 27
Conocer la verdadera causa del porqué de la
necesidad de transformarse 29
Síntomas que nos empujan a la transformación 37
Buscar un nuevo futuro en la transformación ... 40

Transformación Humana: 45

Transformación Digital 49

Dirigir la Transformación 57

Claves para la empresa en el siglo XXI 63

Método de transformación Humana y Digital: 67
No separe la Transformación Humana de la
Transformación Digital 67
Punto de partida: Situación actual 72
Situación Inicial de la Empresa 72
Situación de los Clientes y otros interesados 73
Mirar a los iguales 73
Punto de llegada: Escenario deseable. 74
Visión y Misión. 75
Valores 78
Objetivos 79
**El mapa y la brújula, en el Proceso de
Transformación** 81
Generar el *Roadmap* para alcanzar la Misión y la
Visión deseadas. 81
Palancas esenciales: 82
Ilusión y Trascendencia 82
Tensión y Bienestar 85

PETRA: Transformación Humana y Digital de una Empresa

Conocimiento 86
Empatía con los Clientes 89
Liderazgo 90
Dirección 92
Gestión 93
Decálogo sobre la Transformación Humana y Digital **95**
Visión general de la metodología PETRA **97**
Etapa 1: P: Problemas, Posibilidades y Preparación del Plan de Transformación **99**
    Visión general de la etapa 100
        Participantes 104
        Punto de Partida 106
        Clientes Actuales, Potenciales y Objetivo: 106
        Problemas actuales que impulsan o pueden frenar la Transformación 107
- Humanos 107
- Organizativos 108
- De reputación 108
- De medios necesarios 112

        Benchmark con Empresas y Clientes Líderes 113
- Balance de la Situación Actual 113
- Posibilidades de Mejora 114
- Definición y Valoración de Oportunidades 114

        Definición del Modelo Objetivo 115
- Caso de Negocio 115
- Indicadores de Avance y Logro 116
- *Very Important indicators* 118
- *Roadmap* Ideal 119
- Hitos y Objetivos 120
- Plazos y Presupuesto 121
- Alcance 122

    Detalle de la Etapa 1 (P) **123**

FASE 1.1 Definición de participantes en el proyecto 123
- Tarea 1.1.1 Definición de la lista de personas directamente implicadas 124
    Propósito 125
    Técnicas 125
    Interesados 125
    Entradas 125
    Salidas 125
    Trampas 126
    Recomendaciones 126
- Tarea 1.1.2 Lograr la lista estructurada de personas participantes 127
    Propósito 127
    Técnicas 127
    Interesados 127
    Entradas 128
    Trampas 129
    Recomendaciones 129
- Tarea 1.1.3 Definir composición y modo de funcionamiento de los grupos de trabajo 129
    Propósito 130
    Interesados 130
    Entradas 130
    Salidas 130
    Trampas 131
    Recomendaciones 131
- Tarea 1.1.4 Definición y acuerdo de los calendarios iniciales 132
    Propósito 132
    Interesados 132
    Entradas 132
    Salidas 133
    Trampas 133
    Recomendaciones 133
- Tarea 1.1.5 Planificación y ejecución del lanzamiento de la iniciativa 133

Propósito 134
Técnicas 134
Interesados 135
Entradas 135
Salidas 135
Trampas 135
Recomendaciones 135
FASE 1.2 Definición del punto de partida 136
- Tarea 1.2.1 Levantamiento y estudio del modelo actual de negocio 136
  Propósito 136
  Técnicas 137
  Interesados 137
  Entradas 137
  Salidas 138
  Trampas 138
  Recomendaciones 138
- Tarea 1.2.2 Estudio de medios actuales 139
  Propósito 140
  Técnicas 140
  Interesados 141
  Entradas 141
  Subtareas 141
  Salidas 142
  Trampas 142
  Recomendaciones 142
- Tarea 1.2.3 Estudio de las capacidades existentes para la transformación 143
  Propósito 143
  Técnicas 144
  Interesados 144
  Entradas 144
  Salidas 144
  Trampas 144
  Recomendaciones 145

FASE 1.3 Caracterización de Clientes actuales y objetivo 145

- Tarea 1.3.1 Identificación y comportamiento ..146
  - Propósito 147
  - Interesados 147
  - Entradas 147
  - Salidas 147
  - Recomendaciones 147
- Tarea 1.3.2 Volumetría 147
  - Propósito 148
  - Técnicas 148
  - Interesados 148
  - Entradas 148
  - Salidas 149

FASE 1.4 Estudio de Problemas y Barreras para la Transformación 149

- Tarea 1.4.1 Identificación de Problemas y Barreras 149
  - Propósito 150
  - Técnicas 150
  - Interesados 151
  - Entradas 151
  - Salidas 151
  - Trampas 151
- Tarea 1.4.2 Estudio de Causas Raíz de los Problemas y Barreras 152
  - Propósito 152
  - Técnicas 152
  - Interesados 152
  - Entradas 153
  - Salidas 153
  - Trampas 153
  - Recomendaciones 153
- Tarea 1.4.3 Posibles soluciones 153
  - Propósito 153
  - Técnicas 154
  - Interesados 154
  - Entradas 154
  - Salidas 154

Recomendaciones..................154

FASE 1.5 Benchmark con Empresas y Clientes Líderes.................. 154

- Tarea 1.5.1 Comparación y análisis con la situación actual..................155
  - Propósito..................156
  - Técnicas..................156
  - Interesados..................156
  - Entradas..................156
  - Salidas..................156
  - Trampas..................156
  - Recomendaciones..................157
- Tarea 1.5.2 Formulación del Catálogo de Mejoras Potenciales..................157
  - Propósito..................158
  - Técnicas..................158
  - Interesados..................158
  - Entradas..................158
  - Subtareas..................158
  - Salidas..................159
  - Trampas..................159
  - Recomendaciones..................159
- Tarea 1.5.3 Formulación del *Roadmap* Ideal Inicial..................160
  - Propósito..................160
  - Técnicas..................160
  - Interesados..................160
  - Entradas..................160
  - Salidas..................160
  - Trampas..................161
  - Recomendaciones..................161

FASE 1.6 Definición del Modelo Objetivo (*To Be*) 162

- Propósito..................162
- Técnicas..................162
- Interesados..................163
- Entradas..................163

  Subtareas..........163
  Salidas..........163
  Trampas..........164
  Recomendaciones..........164
Decálogo sobre la Etapa 1 (P): Problemas, Posibilidades y Preparación del Plan de Transformación..........165

Etapa 2 (E): Experiencia de Cliente..........167
 Visión General de la Etapa..........167
 Pilares del Reverse B2C©..........170
  Emotional Relationship..........170
   • *Emotional Banking*..........171
   • *Smart Insurance*..........176
  Likeability..........179
   • *Maximum Commercial Center Efficiency*..........181
  Onboarding & Surfing..........184
  Problem Solving..........188
   • *Pay Calm*..........189
 Etapa 2 (E): Experiencia del Cliente en detalle 196
  • Tarea 2.1 Caracterización de grupos de Clientes (Actuales y Objetivo)..........198
  Propósito..........199
  Técnicas..........200
  Interesados..........200
  Entradas..........200
  Salidas..........200
  Trampas..........200
  Recomendaciones..........201
  • Tarea 2.2 Descubrimiento y extracción de expectativas y requisitos de los Clientes..........201
  Propósito..........202
  Técnicas..........202
  Interesados..........203
  Entradas..........203
  Subtareas..........203

Trampas 204
Recomendaciones 205
- Tarea 2.3 Construcción de Prototipos 205
Propósito 207
Prototipado 207
Interesados 207
Entradas 208
Subtareas 208
Trampas 208
Recomendaciones 209

Decálogo sobre la Etapa 2 (E) Experiencia de Cliente 211

Etapa 3 (T): Test de Prototipados 213

Visión general de la Etapa 214
Prueba y Refinado de los Prototipos 214
Aplicación de los hallazgos 216
- Evaluación de impactos 216
- Planeación de la aplicación de los impactos positivos y la reducción de los negativos 216
- Elaboración de recomendaciones y directrices para la etapa de Reorganización. 217

Etapa 3: Test en Detalle 218

Tarea 3.1 Evaluación y Mejora de los Prototipos 219
Propósito 220
Técnicas 220
Interesados 220
Entradas 220
Subtareas 221
- 3.1.1 Planificación de la etapa 221
Salidas 221
- 3.1.2 Ejecución de los tests 221
Salidas 221
- 3.1.3 Consolidación de los hallazgos efectuados durante los tests. 221
Salidas: 221

Trampas 221
Recomendaciones 222
Tarea 3.2 Evaluación de impactos en arquitectura del negocio, proceso de negocio, proceso de aprendizaje y procesos internos de las unidades con responsabilidad en TI. 222
    Propósito 223
    Técnicas 223
    Interesados 223
    Entradas 223
    Subtareas 224
    3.2.1 Evaluación de la calidad de la petición de modificación: ¿Está clara, está bien documentada? ¿Hay trazabilidad hacia los elementos impactados? 224
    3.2.2 Análisis y valoración del impacto 224
    3.2.3 Decisión (aprobación / denegación) de la petición de cambios y de los trabajos derivados de ella 224
    Trampas 224
    Recomendaciones 224
Tarea 3.3 Planeación de la aplicación de los impactos positivos y la reducción de los negativos: nuevos procesos, modificaciones a procesos existentes, planes de capacitación, reorganizaciones funcionales 225
    Propósito 225
    Técnicas 225
    Interesados 225
    Entradas 226
    Salidas 226
Tarea 3.4 Elaboración de recomendaciones y directrices para la etapa de Reorganización. 226
    Propósito 226
    Técnicas 226
    Interesados 226

Entradas 227
Salidas 227
Decálogo sobre la Etapa 3 (T) Test de Prototipados **229**

Etapa 4 (R): Reorganización 231
Visión General de la Etapa 231
Etapa 4 (R): Reorganización en detalle 235
    Propósito 237
    Técnicas 237
    Interesados 237
    Entradas 237
    Salidas 237
    Trampas 238
    Recomendaciones 239
Decálogo sobre la Etapa 4 (R) Reorganización 241

Etapa 5 (A): Aprendizaje 243
Visión General de la Etapa 243
Etapa 5 (A): Aprendizaje en Detalle 246
    Actuaciones de la etapa 246
    Propósito 247
    Técnicas 248
    Salidas 248
    Trampas 248
    Recomendaciones 248
    Catálogo de Técnicas 249
    Técnicas: 249
    Trampas en la transformación 252
    Elementos a considerar para evaluar la madurez de la empresa para afrontar la Transformación 255
Decálogo sobre la Etapa 5 (A) Aprendizaje 259

Epílogo 261

PETRA: Transformación Humana y Digital de una Empresa

PETRA: Transformación Humana y Digital de una Empresa

"La emoción es la principal fuente de los procesos conscientes. No puede haber transformación de la oscuridad en luz ni de la apatía en movimiento sin emoción."

Carl Jung

Prólogo

No conozco nadie más capaz para unir los temas humanos con los temas tecnológicos para favorecer los intereses de la Empresa, y por extensión los intereses de las personas y de nuestra sociedad en la Era Digital, que Ramón Cabezas. Y no conozco a nadie más motivado para hacer todo lo que hace "bien". ¿Suena simple, verdad? Sin embargo, no lo es en absoluto. Yo hablo de hacer las cosas "bien" en todos los sentidos: técnicamente, rápidamente, moralmente, elegantemente, emocionalmente, etc., y lo hace siempre poniendo a la persona en el centro.

¿Cuántas veces hemos oído de la transformación Digital? ¿Y cuántas personas entienden realmente qué significa de verdad, más allá de la aplicación de una serie de tecnologías? Me reúno a menudo con CIOs y CTOs de diferentes empresas, entre las que se encuentran las más grandes e influyentes. Ramón Cabezas sí lo entiende. Cuando lo conocí, me pregunté por qué él lo veía con tanta claridad, porque es. La razón la encontré en que fue uno de los cinco patronos fundadores de la Fundación Eduardo Punset, donde si algo es importante es todo lo que tiene que ver con la gestión de las emociones. Desde esa perspectiva, me di cuenta de que lo entiende porque es capaz de entender y analizar, posiblemente, uno de los cambios más importantes de los últimos cincuenta años. No es un cambio en la tecnología, ni en las propias Empresas, ni en los planes de negocios, ni siquiera en los clientes. Es el cambio que se produce en las propias personas, en sus emociones, en sus reacciones, respuestas y necesidades, cuando estas personas tienen enfrente un cambio digital tan importante como el que estamos sufriendo, o disfrutando, en toda nuestra sociedad.

A menudo, me reúno con CIOs y CTOs de diferentes empresas, entre las que se encuentran las más grandes e influyentes. La mayoría, no eran capaces de decirme porqué las transformaciones que estaban acometiendo eran diferentes a las anteriores, o por qué su día a día se veía tan alterado. Solo aquellos que habían sido capaces de ver la sutil diferencia de entender el papel de las emociones en sus equipos, en los diferentes grupos de trabajadores de la empresa y en la influencia, a través de canales emergentes como las redes sociales, me dieron respuestas satisfactorias. Solo este reducido grupo estaba acometiendo con éxito las verdaderas transformaciones digitales y humanas en sus empresas.

Son numerosas las Empresas que están realizando un importante esfuerzo para adaptarse a esta nueva y compleja realidad que rompe con los paradigmas establecidos de una forma abrupta y desconcertante. Es habitual encontrar dificultades para acceder a metodologías completas que permitan abordar tales transformaciones, y que tengan la capacidad de guiar el proceso a la vez que tener en cuenta las complejas relaciones y casuísticas que involucra una transformación de calado en la Empresa. Es desolador constatar la falta de guía metodológica y el exceso de manualidad en un proceso tan complejo como la transformación digital de una entidad.

Es por ello que la metodología PETRA se ha diseñado y construido específicamente para facilitar la

Transformación Digital de las Empresas, teniendo en cuenta no solo los aspectos tecnológicos, sino también los emocionales. Es una metodología sorprendente y muy recomendable.

Pero obviamente, más que nada, y por encima de todo, para mí es un placer poder considerar a Ramón como un amigo.

Graham Johnson

COO of Getronics Group

La transformación como una necesidad

En primer lugar, es muy importante entender el concepto de transformación, especialmente referenciado a la empresa. Cuando hablamos de transformación hablamos de cambio, de modificación, de alteración, pero siempre manteniendo la propia identidad. Si un mono se transforma en un hombre eso no es una transformación, un mono muta en hombre puesto que ha perdido su propia identidad. Tampoco el término transformación habla de la bondad del cambio ya que transformar no necesariamente conlleva una mejora sino una alteración de la situación actual en una nueva, que en ocasiones puede ser menos eficiente que la anterior.

Por otro lado, las transformaciones pueden ser lentas, adaptativas, o rápidas, revolucionarias. Es muy fácil que nuestra intuición nos revele como cierta la frase de *la naturaleza está en continua transformación*, como idea de cambio continuo asociado a la adaptación a las nuevas condiciones medioambientales y de equilibrios en la cadena trófica. Sin embargo, mientras más arriba se está en la pirámide, más importante resulta intentar conservar el *statu quo* y más resistencia al cambio existe. No en vano se argumenta por diversos expertos que la verdadera transformación forma parte del reino de los débiles, es competencia de los más desfavorecidos para vencer sus limitaciones y sus dificultades. No es extraño que en el seno de los grandes conflictos bélicos se hayan producido grandes avances para la humanidad, como el radar.

Es más que evidente que la pregunta que tengamos que contestar sea algo incómoda: ¿Por qué una empresa que es líder, que arroja unas espléndidas cifras de beneficios y que tiene a la competencia bajo control, necesita transformarse? Porque es evidente que si una empresa va mal, es débil, necesita algún cambio mejor antes que después. Veremos que no es fácil tener una respuesta simplista a esa pregunta, pero antes nos haremos otra pregunta más, que aún pareciendo similar es radicalmente distinta: ¿Para qué necesita una empresa transformarse? Así como la primera pregunta habla sobre posibles explicaciones que se identifiquen en la situación actual que justifiquen el cambio, la segunda pregunta se refiere a escenarios sobre la situación futura tras la transformación que nos convenzan de que se va a cambiar a mejor, puesto que el cambio por el cambio, la transformación precipitada e inconsciente aumenta la probabilidad de encaminar nuestra empresa al desastre.

En resumen, siempre puede ocurrir que, incluso con las mejores intenciones del mundo, algún consultor le proponga realizar transformaciones en su empresa que concluyan en escenarios a los que el responsable no quiera llegar, aún cuando al principio la idea pudiera parecer interesante. Asegúrese el lector de entender el porqué y el para qué, o si no, no se queje luego.

Conocer la verdadera causa del porqué de la necesidad de transformarse

Si la empresa va bien y el lector no sabe por qué debe cambiar, sus competidores sí lo saben. Si la empresa no va bien, parece claro que debería hacerse algún cambio y, ya puestos, tratar de cambiar lo que se deba cambiar y no lo que sea fácil de cambiar. Pero para entender las verdaderas causas que nos deben impulsar a la transformación vamos a explorar someramente un término que responde a las características actuales del mundo de la empresa: VUCA[1] (*Volatility, Uncertainty, Complexity and Ambiguity*) que se podría describir como:

- Volatilidad: Los desafíos son inesperados o inestables y pueden tener duración desconocida. El futuro no tiene que ver con lo que deseamos sino con lo que sucede.
- Incertidumbre: A pesar de que pueden faltar otras informaciones, la causa esencial de un suceso y su efecto se conocen, y eso hace que las predicciones están basadas en los paradigmas del pasado, que pueden dejar de ser válidos en cualquier momento.
- Complejidad: La situación tiene muchos componentes y variables interrelacionadas. El nivel de predicción se contrapone a la complejidad del conjunto que lo hace difícil de manejar e interpretar.

---

[1] Véase, por ejemplo, www.hbr.org/2014/01/what-vuca-really-means-for-you

- Ambigüedad: Las relaciones causales no son nada claras lo que implica que existan dificultades importantes para la toma efectiva de decisiones prevaleciendo lo conocido como *double thinking*, donde una decisión y la contraria son ambas correctas. Pocas cosas hay más peligrosas para la gestión.

Además de lo anterior, la tecnología, las comunicaciones y el mundo digital, establecen una nueva variable como esencial: el tiempo, ya que el cambio se acelera, y su control y su buena gestión encuentran un nuevo límite en la capacidad de cambiar de las personas involucradas. Un proceso se puede digitalizar casi de la noche a la mañana, pero los cambios necesarios que deben introducirse en la plantilla, desde la formación hasta la motivación en el nuevo escenario digital pueden llevar meses e incluso años. El bienestar logrado en los países adelantados en los últimos años, se ve amenazado lo que produce profundos cambios sociales, que nadie imaginaba apenas hace 20 años: la escasez del trabajo, soportado por autómatas y sistemas de información, el auge de la inteligencia artificial, el cambio en los valores de los trabajadores, equilibrando su vida privada con la profesional, y el cambio en la cultura empresarial, durante varios decenios, de fomentar la especulación a corto plazo en vez de la inversión y el emprendimiento.

No hay más que recurrir al cine para observar multitud de películas sobre personajes, que ahora se muestran como personas perversas, pero cuyo comportamiento fue enseñado y mostrado como modelo por muchas corriente de enseñanza del *management*, que promovían el análisis financiero casi como la única herramienta de decisión, que consideraba todos los factores de producción como intercambiables y que borraron la palabra *empleado* o *persona* del vocabulario empresarial, para sustituirlo por la expresión *recurso*. Son numerosas las noticias de empresas potentes con miles de personas que se compran para, inmediatamente después venderlas troceadas, destruyendo todas las sinergias previas, o aquellas noticias de deslocalización de miles de empleos al son del lema "son las leyes del mercado". Lo peor es que no creemos que vayan a desaparecer tales noticias, tal vez al contrario.

Es curioso cómo, con el tiempo y con la torticera interpretación interesada de los actores empresariales y sus asesores, ideas que inicialmente fueron positivas y acaban por pervertirse radicalmente. Baste el ejemplo resumido en la frase: "La misión del CEO es dar valor a los accionistas". Es muy razonable, aunque olvida los otros interesados en el juego (Empleados, Clientes, Sociedad, etc.). El primer error es pensar que un CEO solo tiene una misión. El segundo es tener la tendencia a sustituir *valor a los accionistas* (concepto difícil de medir) por otra definición más sencilla de medir como *precio de la acción*, usando, como es muy habitual en el mundo empresarial, la falacia de McNamara[2]. Así pues, la frase "... dar valor a los accionistas" se sustituye por "... incrementar el precio de la acción", fácil de medir pero, ese pequeño cambio puede, y de hecho lo produce, un efecto devastador.

---

[2] *George G. W. Goodman (aka Adam Smith), Paper Money, New York: Summit Books, 1981, p. 37*

Buscar a toda costa el incremento del precio de la acción favorece al especulador, que cuando ve colmadas sus expectativas, vende y deja de ser parte de la compañía. Además, se toman decisiones a corto plazo que pueden ser desastrosas para el futuro de la empresa tales como venta de partes esenciales de la compañía, reducciones salvajes de personal sin importar cuanto talento se pierde o sobre endeudamiento para crecimientos corporativos no sostenibles. Todo ello, suele llevar a burbujas de crecimiento que suelen reventar en el peor momento. Crear valor para el accionista solo se consigue generando valor para la empresa, para sus empleados, para sus clientes y para la sociedad en la que la empresa está incrustada. Es evidente que lo que falta en el enunciado citado es el concepto de "largo plazo", hablándonos de la sostenibilidad de nuestras decisiones y acciones, así como del acompañamiento de nuestro accionista fiel y comprometido, que obtenga sus beneficios no de vender una acción que ha subido de precio, sino de cobrar pingües beneficios todos los años.

Es analizando el estado propio de una compañía cuando somos capaces de determinar el porqué de la necesidad de transformarnos. Este simple cuestionario puede arrojarle al lector alguna luz al respecto:

1) ¿Está usted seguro de que su empresa tiene una situación sólida y que mantendrá esa posición sólida en los próximos 3 años?
2) ¿Está usted seguro de que ninguno de los competidores establecidos o nuevos competidores emergentes del mercado puede amenazar a su empresa en los próximos 3 años?

3) ¿Cree usted que su empresa está lista para afrontar riesgos como los de reputación o los cibernéticos?
4) ¿Está usted seguro de que su empresa podrá evaluar, decidir e implantar, si así lo decide, nuevos modelos de negocio, considerando sus elementos (p.e. segmentos de mercado, canales, propuesta de valor, relaciones con Clientes, fuentes de ingresos, recursos y actividades esenciales, asociaciones estratégicas y modelos de coste)[3]?
5) ¿Conoce usted por qué su empresa está bien o mal respecto a lo que supone que debería ser, así como conocer cómo actuar para afianzar las fortalezas y reducir las debilidades?

Sea sincero. Si obtiene cinco síes, enhorabuena. Si no, puede usted tener serios problemas si no se transforma. Pero no se confíe. Aunque haya obtenido un pleno al cinco no hay nada que le garantice que dentro de seis meses pueda seguir obteniendo esa puntuación. Si ahora mismo no necesita transformar nada, esté preparado para cuando lo necesite.

También es importante entender que no se debe simplificar en exceso el valor de la empresa y se debe tener en cuenta que hace falta prestarle gran atención que para lograr el valor a largo plazo es necesario el Capital. La mayoría de la gente piensa que el capital tiene única y exclusivamente que ver con los aspectos monetarios o financieros, pero nada más alejado de la realidad.

---

[3] Elementos tomados del libro: Business Model Generation, de Osterwalder y Pigneur

El Capital realmente se clasifica en:

- Capital Material: El dinero en todas sus vertientes y acepciones.
- Capital Inmaterial, que a su vez se divide en:
  - Capital Organizativo:
    - Sistemas
    - Bases de datos e Información
    - Procesos
    - Cultura
    - Valores
  - Capital Relacional:
    - Clientes
    - Proveedores
    - Colegas
    - Reguladores
    - Instituciones
    - Sociedad en general
  - Capital Humano:
    - Personas
    - Familias
    - Modo de trabajo
    - Inteligencia Emocional
    - Creatividad
    - Actitud

Si se analiza la historia reciente de los negocios, un número apreciable de las fusiones y adquisiciones que se han hecho, han producido una importante destrucción del capital empresarial de las empresas afectadas: poderosas unidades de investigación, desarrollo y producción se han mal integrado en la corporación dominante, o simplemente se han troceado para venderlas al mejor postor, con una clara descapitalización del capital material, y sobre todo, del inmaterial[4].

Es claro que hay que tener muchos elementos en cuenta para entender el valor de lo que tenemos y de lo que hacemos para conocer nuestra situación actual y que no debemos dejarnos en la valoración elementos cruciales que, de no estar, arrojarían errores en la página cero de nuestro viaje a la transformación.

Una vez entendido nuestro modelo de valor, nos daremos cuenta de manera inmediata de que nadie está libre de amenazas derivadas de los nuevos mercados, de los comportamientos de los clientes o de los visionarios e innovadores que generan nuevos modelos de negocio, desconocidos hasta la fecha. Todos los sectores de actividad están afectados seriamente o amenazadas por esta nueva situación, desde los ya conocidos de las finanzas, comercio, transporte y educación, hasta la sanidad y las actividades de alto valor añadido, como los propios médicos. En este último caso, gran parte de las amenazas vienen derivadas del propio éxito del modelo aplicado: dado que la sanidad funciona, la esperanza de vida aumenta, lo que a su vez plantea problemas en el sistema de asistencia que hay que abordar, y es aquí donde la

---

[4] Véase, por ejemplo: www.businessweek.com/articles/2013-07-18/the-rise-of-the-intangible-economy-u-dot-s-dot-gdp-counts-r-and-d-artistic-creation

transformación positiva, humana y digital (por este orden) es imperativa para el éxito del nuevo modelo social. Tan solo hay que pensar que en 2050, el 32% de la población española tendrá más de 64 años.

Gran parte de las amenazas no son nuevas, sino que se derivan del olvido de alguno de los principios racionales de gobierno y gestión de la empresa, de los cuales hemos querido hablar en las páginas anteriores. En 2017 PWC ha publicado una lista de las amenazas más importantes para el sector asegurador. Sea consciente el lector que gran parte de ellas lo son también para otros sectores.

De las 10 amenazas principales a nivel mundial, solo 3 son nuevas, aunque sí es cierto que las antiguas muestran mayor intensidad que hace 20 años.

Top 10 amenazas de negocio para el sector asegurador

En el mundo		En España	
1.	Transformación del sector	1.	Tipos de interés
2.	Ciberseguridad	2.	Transformación del sector
3.	Tecnología	3.	Regulación
4.	Tipos de interés	4.	Rentabilidad de las inversiones
5.	Rentabilidad de las inversiones	5.	Tecnología
6.	Regulación	6.	Macroeconomía
7.	Macroeconomía	7.	Competencia
8.	Competencia	8.	Productos garantizados
9.	Atracción del talento	9.	Ciberseguridad
10.	Productos garantizados	10.	Interferencias políticas

Podemos concluir pues que debemos transformarnos porque si no lo hacemos las amenazas a nuestro estilo de hacer negocios harán que éste desaparezca. Es la ley de la jungla, es la propia supervivencia la que está en juego. Y el tiempo juega en nuestra contra.

Síntomas que nos empujan a la transformación

Hay algunos factores que nos pueden indicar, claramente, que es el momento de empezar a hablar de transformación:

- Competidores que adoptan posturas más agresivas o amenazadoras.
- Estancamiento o bajada de las cifras de negocio.
- Caída general de la satisfacción de Clientes o empleados.
- Reducción de los indicadores de captación de Clientes jóvenes, con lo cual la base de Clientes está envejeciendo y decaerá con el envejecimiento de los Clientes.
- Pérdida de la reputación de la empresa.
- Sus sistemas de negocio están soportados en modelos de tecnología obsoletas o con poco recorrido y, por ello, incapaces de adaptarse a la velocidad de cambio actual.
- Su sector de negocio está en riesgo. Por ejemplo, la Banca o, en general, la intermediación financiera, cuyo papel, políticas y procesos exigen una profunda transformación Humana y Digital, no sólo Digital.

Cualquiera de estos síntomas en su empresa debería ser un motivo para que el lector pensara si ha llegado del momento de transformarla y ponerse manos a la obra.

Sin embargo, no solo estos síntomas, muy centrados en el mundo empresarial son indicativos de peligro, sino que existen muchos más a los que hay que prestar seria atención y que podemos agrupar de la siguiente forma:

- Factores Internos:
    - Desgaste de los equipos.
    - Pérdida de talento que se va a la competencia.
    - Luchas intestinas entre departamentos o áreas de soporte.
    - Exceso de protagonismos de las áreas de planificación y control de la compañía.
    - Falta de creencia en los valores de la compañía.
    - Sensación en los empleados de falta de comunicación.
    - Falta de credibilidad en los directivos de la compañía.

- Factores Externos:
    - Cambio importante en los valores de la sociedad.
    - Soluciones tecnológicas disruptivas en otros sectores, mercados o países.
    - Desdoblamiento o concentración de la demanda del cliente.
    - Nuevos escenarios jurídicos.
    - Cambio en las políticas estatales o interestatales.

Todos estos indicadores nos dan, sin duda, pistas de que debemos estar atentos a cómo se deslizan en algún sentido que pueda derivarse en una amenaza tangible para nuestra empresa.

Pero si hay algún indicador que indica de forma inequívoca que debemos cambiar algo en nuestra empresa de forma urgente es el ICE o Índice de Calidad Emocional de una compañía. El ICE es un indicador de salud emocional de una compañía, que veremos en detalle más adelante, y que da una idea de cómo de preparada está una compañía a una transformación. Hasta ahora, el factor emocional se creía despreciable, pero los últimos avances en investigación neurológica nos enseñan que es incluso más importante la transformación humana que la digital en las compañías. En cualquier caso, y este es un mensaje que daremos a lo largo de todo el libro, no existe una verdadera transformación humana si no hay una transformación digital efectiva, y aquí las emociones juegan en la primera liga.

Buscar un nuevo futuro en la transformación

Hay dos grandes retos, interrelacionados, pero diferentes, en las empresas actuales, debido al entorno VUCA:

1. Agilidad extrema en la ejecución de los procesos de negocio (Empresas Guepardo).
2. Agilidad extrema en el cambio de los procesos de negocio (Empresas Camaleón).

Las empresas Guepardo no pierden demasiado tiempo en diferenciarse de las demás en tener unos procesos sofisticados y diferentes, sino que adoran la simplicidad, la facilidad en la toma de decisiones, la agilidad en el consenso y, en definitiva, todo lo que le pone frenos o controles ineficientes. Un ejemplo de empresa que favorece la velocidad en la ejecución el Colgate-Palmolive. Todos sus procesos de diseño, marketing, producción y ventas son extremadamente sencillos y estándares. Ellos decidieron implantar como sistema de base de su empresa una suite completa del ERP de SAP. Todos sus procesos están mapeados con tal plataforma y corren bajo ese sistema. Lo que dice SAP es lo que hacen, no se complican la vida, lo que los lleva a tener un ciclo entre diseñan un nuevo producto hasta que lo ponen en todas las tiendas de tan solo tres meses, casi la mitad que la competencia.

Por otro lado las empresas Camaleón son extremadamente adaptables al entorno y son capaces de mapear sus procesos de forma que respondan a la demanda de sus clientes de una forma muy eficiente. Un ejemplo de empresa que favorece la adaptabilidad y el cambio es Zara, del grupo Inditex, que es capaz de modificar la producción según las preferencias del cliente en tiempo real. Ello le lleva a que el stock, partida susceptible de engrosar la línea de pérdidas, se rebaja hasta un 7%, más del doble que su competencia.

En el entorno VUCA surge un paradigma, acuñado por Nassim Taleb, autor de "El Cisne Negro", que va más allá de los de empresa adaptable y empresa resiliente[5], término que suena como novedad en la empresa, pero que lleva muchos años usándose en la Ingeniería. Ese nuevo paradigma es el de "empresa antifrágil[6]". Mientras que una empresa resiliente se recupera a su situación inicial, tras pasar por una crisis, la empresa antifrágil mejora, precisamente, por las crisis.

Es bien conocido que en japonés crisis se representa con dos kanjis: uno representa peligro y otro representa oportunidad. Esa naturaleza dual de la crisis la sitúa no como parte de un problema, sino como la antesala de encontrar una solución que haga más fuerte la empresa. En palabras de Manuel Pizarro,

---

[5] RAE: Resiliciencia: 1. f. Capacidad de adaptación de un ser vivo frente a un agente perturbador o un estado o situación adversos.   f. Capacidad de un material, mecanismo o sistema para recuperar su estado inicial cuando ha cesado la perturbación a la que había estado sometido.

Véase, por ejemplo: CMU/SEI-2010-TR-012 Part One: About the CERT Resilience Management Model

[6] Nassim N. Taleb: Antifragile: Things That Gain from Disorder (Incerto).

empresario español y ex presidente de Endesa, "de una crisis se sale solo de dos formas, o con los pies por delante o reforzado". En realidad, ya hace más de 20 años[7] que se menciona que la crisis es necesaria para que haya transformaciones profundas. Ikujiró Nonaka habla de crear una clase particular de crisis, el caos, para crear situaciones de inestabilidad que puedan favorecer los procesos creativos, en un proceso llamado Fluctuación y Caos Creativo. Esto es lo contrario que suele pasar en la mayoría de las empresas que suelen aplicar la máxima de "si funciona, no se toca". Cualquier avanzado que propugne una transformación en la empresa en una situación de bonanza se encontrará con muchas barreras.

Para romper estas barreras, el propio Nonaka junto con Hirotaka Takeuchi, proponen una teoría de creación de conocimiento dentro de la empresa para potenciar las dinámicas de creatividad e innovación. Dado que la crisis y el caos no son en absoluto escasos, es buena cosa aprovechar y tomar en serio el conjunto de las ideas de Taleb, Nonaka y Takeuchi para transformar.

Ya tenemos casi respondida la pregunta que abría este capítulo: Para qué. Necesitamos transformar para adaptarnos a los nuevos escenarios que sean exigibles

---

[7] Véanse, por ejemplo:

- Nonaka & Takeuchi: The Knowledge-Creating Company: How Japanese Companies Create the Dynamics of Innovation. (1995)
- Nonaka Ikujiró: The Knowledge Creating Company. Harvard Business Review Nov-Dec 1991

para la supervivencia de la empresa, ya involucren velocidad o cambio en los procesos. Es el resultado y no la transformación lo que es importante en sí.

Transformación Humana:

La tecnología y la creciente automatización de los procesos empresariales nos plantean un escenario en los países desarrollados donde solo un tercio de la población va a tener trabajo efectivo. Lógicamente esto nos debe llevar a pensar cómo va a vivir el resto de la población. Por otro lado debemos entender que los mandos intermedios en las organizaciones representan aquella capa de gestión que no es directiva ni puramente operativa, es decir, aquella capa de gestión que supervisa, controla o resuelve lo que la tecnología no puede conseguir, y donde hace falta un ser humano que tome decisiones, digamos, que no sean de un nivel estrictamente directivo. Debemos ser conscientes de que los mandos intermedios en la empresa conforman el estrato social correspondiente a la clase media. Puestos estos ingredientes encima de la mesa casi podemos adivinar cuál será el resultado del guiso que podemos resumir en:

- Muchas personas no estarán cualificadas para las nuevas tareas operativas que la empresa demanda, por lo que perderán sus empleos y tendrán graves dificultades para acceder a uno de calidad.
- Muchos mandos intermedios, a medida que avance la digitalización, serán despedidos, lo que junto con el punto anterior llevará, si no a la desaparición, a una importante disminución del grosor de la capa de la clase media en la sociedad avanzada.

Son retos que no podemos obviar y que ningún gobierno parece estar enfrentando de un modo proporcionado. Aquí no basta con discursos, ni con agendas digitales ni planes. Hay que hacer grandes proyectos y cambios, para afrontar esta situación. Para ello es fundamental, como queda en evidencia, retomar el concepto de la dimensión humana de la empresa desde un punto totalmente distinto y sabiendo que tan solo cubriendo todas las necesidades de las personas que trabajan en nuestra empresa podemos tener la posibilidad de tener un negocio fuerte y sostenible. La tortilla se está dando la vuelta y muchas empresas están, por medio de las redes sociales y las propias tecnologías de la información, sintiendo la presión de la sociedad, de sus clientes y de sus propios empleados, que exigen que las empresas se vuelvan más humanas y comprometidas, y donde la pérdida reputacional adquiere una nueva y enorme dimensión.

Dentro de la necesaria transformación humana está la adaptación a la nueva realidad empresarial antes y después de la transformación. Y son múltiples los elementos a tener en cuenta: Adaptación a espacios de trabajo flexibles, abiertos y cambiantes; adaptación a organizaciones líquidas donde el mando fluye en función de las necesidades; adaptación a las exigencias del cliente y al servicio de forma estricta; adaptación al manejo de nuevas tecnologías; adaptación a una visión global del negocio; adaptación a horarios maleables y conciliadores con la vida privada, etc. Es mucha adaptación y debemos saber que el ser humano no se adapta ni mucho menos a la velocidad que lo hace la tecnología. Luego tenemos trabajo para rato.

Nuevamente los elementos emocionales adquieren una relevancia enorme, puesto que son las emociones que fluyen en la empresa las que definitivamente hacen posible que alcancemos los objetivos corporativos acordados. Debemos entender por tanto cómo se producen las emociones dentro de la empresa, cómo se regulan y cómo se transparentan a su entorno. Si somos capaces de entender lo que pasa en la compañía, las emociones que sienten directivos, mandos intermedios, empleados, proveedores y clientes, habremos dado un gran paso hacia una empresa de emociones sana, que a nosotros nos gusta describir como *Emotional Wellness Company*.

Transformación Digital

La situación actual muestra un elemento posibilitador e impulsor del cambio: La Tecnología, sobre todo la Tecnología de la Información.

Hay cinco macrotendencias afectadas ampliamente por la tecnología y que responden al acrónimo SMACIT (*Social, Mobile, Analytics, Cloud, Internet of Things*).

- **Social**: Las redes sociales ostentan un poder, credibilidad y capacidad de influencia superiores a las de las propias empresas, lo cual lleva a modificaciones más o menos significativas de la estrategia de éstas para no salir mal paradas. La difusión por internet de una imágenes comprometedoras de famosas con poca ropa y la insinuación de que fueron *hackeadas* del iCloud de Apple conllevó la inmediata caída en picado de sus acciones y una pérdidas multimillonarias para la marca. Luego resultó ser falso, pero el mal ya estaba hecho.

- **Mobile**: La aceleración de la demanda de los consumidores y la exigencia de satisfacción inmediata de esa demanda, así como la posibilidad de poder efectuar cualquier operación o negocio, potencian la movilidad como factor esencial de la empresa. El cliente quiere acceso a la información y poder interaccionar con su empresa en cualquier lugar y en cualquier momento. El año 2017 ha supuesto un verdadero antes y después, donde se han comprado más artículos en tiendas online desde los propios móviles que desde ordenadores conectados. Y la tendencia va *in crescendo*.

- **Analytics**: El actual ciclo de producción o de creación de servicios es de meses, mientras que las variaciones de la demanda se producen en días. Este desequilibrio requiere la obligación de anticiparse a esa demanda salvaje y variable. De igual modo, ofrecer los productos y servicios adecuados a los mercados permite aumentar el éxito de las campañas e iniciativas de marketing. Ambos casos hacen necesarias técnicas de análisis de la información con capacidad de identificar y predecir tendencias y variaciones sobre la oferta y la demanda. El Big Data y todas las técnicas de extracción de conocimiento de la información configuran una de las mayores revoluciones que nos aguardan.

- **Cloud**: La necesidad de capacidad de proceso no hace sino aumentar de forma exponencial a medida que los procesos de digitalización avanzan. El plazo de despliegue de tecnologías de infraestructura y proceso informático en centros propietarios suele ser de meses, debido a los requisitos de seguridad, conectividad, etc. Por el contario, conseguir esa tecnología de proceso en Cloud es cuestión de minutos, horas o días. En un escenario VUCA, gran parte, si no toda, la infraestructura de proceso de datos de una empresa se puede poner en Cloud, ya sea pública o privada. Además existe un aspecto imbatible: la flexibilidad, donde por un coste muy acotado podemos por unas horas o días aumentar la capacidad de proceso por dos o por tres de un momento para otro. Imaginemos los procesos de cierre de las contabilidades o la presentación de resultados, por ejemplo, donde a las empresas les hace falta, puntualmente, mucho más procesos que el resto de días. ¿Para qué tener toda esa capacidad ociosa el resto del mes o del año?

- ***Internet of Things***: Esta última tendencia habla de cómo conectar las cosas con cosas y personas, de forma que se incrementen las posibilidades de colaboración inteligente entre ellas. Va mucho de sensorización para proveer información de lo que le pasa a nuestro entorno, de conectar de forma inteligente cosas y de poder controlarlas o gestionarlas de forma remota. Los bajos precios de las tecnologías implicadas y los grandes volúmenes implicados hacen que debamos prestar gran atención al desarrollo de todas estas tecnologías. Se estima que para el año 2020 habrá entre 20.000 y 38.000 millones de dispositivos conectados a través de internet, con múltiples aplicaciones[8] entre las que destaca el desarrollo de la economía colaborativa

Precisamente esta posibilidad de conocer la situación de un dispositivo e interaccionar con él a

---

[8] Véase, por ejemplo: www.ti.com/ww/en/internet_of_things/iot-applications.html

distancia, obligará a potenciar fuertemente la seguridad, porque el impacto de las amenazas se multiplicará: imagínese la posibilidad de que una persona tenga un marcapasos conectado a la Web y que alguien, haciéndose pasar por el centro médico que usa esa conexión, envíe una señal de reducir o aumentar la velocidad del dispositivo o, incluso, lo desconecte. Lo mismo es aplicable para un vehículo circulando de forma autónoma por una autopista y que podría recibir una orden indebida de acelerar o frenar instantáneamente.

En opinión de los autores, dejar el desarrollo del gobierno de la IoT en empresas comerciales, como se ha hecho con el desarrollo de sistemas operativos, protocolos, navegadores y buscadores, entraña bastantes riesgos. Las empresas pueden tener demasiado interés en los aspectos comerciales y relajar los requisitos de calidad y seguridad, si se revelan costosos o aumentan los tiempos de desarrollo. Los problemas que puede ocasionar IoT son globales, como la contaminación, el efecto invernadero o el uso indiscriminado de transgénicos, por lo que creemos que debe establecerse un sistema de gobernanza mundial (por ejemplo, auspiciado por las Naciones Unidas).

El importante grado de soporte que ofrece la Tecnología para ejecutar los procesos de negocio, y sobre todo, para cambiar esos procesos y transformar la empresa ha llevado a no pocos expertos a afirmar erróneamente que la Transformación Digital es responsabilidad del CIO (*Chief Information Officer*) y de la unidad organizativa que dirige (Dirección de Sistemas o Tecnologías de la Información).

La transformación se efectúa sobre los sistemas de negocio, que están constituidos por Personas, Estructura Organizativa, Proceso y Tecnología. La transformación debe efectuarse actuando sobre los cuatro elementos al tiempo, en una iniciativa multidisciplinar. La experiencia muestra que, si esa iniciativa se efectúa sólo desde Tecnología, el resultado suele ser una colección de sistemas informáticos implantados desde el punto de vista tecnológico, pero mal o escasamente utilizados porque no se han tenido en cuenta los otros tres elementos: no se ha modificado la estructura organizativa para adecuarla a la nueva situación, no se han modificado los procesos, más que en su parte informática y, finalmente, no se ha capacitado correctamente a las personas. Al final hemos construido un hermoso Becerro de Oro, caro y absolutamente inútil. Es decir, no se ha hecho bien la implantación del sistema completo[9].

Por tanto, parece claro que la Transformación Digital debe hacerse con el CIO, pero no necesariamente por el CIO. De hecho hay algunos expertos que apuntan a que hay que definir la figura del CDO (Chief Digital Officer) para que tire de la transformación digital. Los autores estimamos mucho más adecuado que sea el propio Consejero Delegado de la compañía quien se arrogue de tales funciones, porque si algo necesita la transformación digital es la estrecha colaboración entre todos los componentes de la *Cx Suite*, ya que las actuaciones se reparten en:

- Transformación de las Personas

---

[9] Mark Toomey: Bailando el Vals con el Elefante. http://infonomics.com.au/bve.htm

- Transformación de los Procesos
- Transformación de la Estructura Organizativa
- Transformación de la Tecnología

Cada una de estas clases de elementos involucrados exige acciones de definición del cambio, planificación, realización, comprobación de resultados y aplicación de medidas correctivas hasta lograr los resultados deseados.

No obstante, cada uno de ellos tiene sus características específicas:

- **Transformación de las Personas:** Estas actuaciones se centran en las personas y en sus emociones, sus conocimientos y sus habilidades sociales y laborales. Estas personas deben tener la información y la formación necesaria para vencer las reticencias al cambio, para fomentar su ilusión y para participar, de modo constructivo y coordinado, en el esfuerzo de transformación. Para ello, es necesario que se preste gran atención a la comunicación y coordinación, estableciendo los mecanismos necesarios (repositorios y foros de comunicación, plan de comunicación, buzones de sugerencias, etc.).

- **Transformación para los Procesos:** Poca gente entiende que para transformar los procesos es necesario construir el proceso de transformación en la compañía. Esto significa que debemos manejarnos bien en las metodologías y en las tecnologías de gestión de procesos o *Business Process Management (BPM)*. También es importante ser consciente que hay dos tipos de transformaciones: La continua, que busca suprimir deficiencias, también denominada KAIZEN en japonés o LEAN en su última mutación; y la disruptiva, que supone una mejora radical del proceso o incluso un proceso nuevo, también denominada KAIKAKU en japonés o simplemente Reingeniería en el mundo occidental. El análisis de valor del proceso nos debe conducir a elegir un camino u otro.

- **Transformación para la Estructura Organizativa:** Ya hemos dejado claro que la implantación de un nuevo sistema de información o una nueva tecnología no supone verdadera transformación si no se modifican en menor o mayor medida las personas y también la organización. Entendamos que la organización de una empresa responde a aquello que solo pueden hacer las personas involucradas y por tanto cuando hay muchas funciones que se automatizan ya no son necesarias tantas personas ni estructuradas de la misma forma. Cuando se produce una transformación digital la organización de cambiar sí o sí. Aunque esto pase desapercibido para mucha gente con amplia experiencia directiva es una realidad y un escenario que se debe respetar.

- **Transformación para la Tecnología**: El ritmo de actualización y renovación de la tecnología es bastante más rápido que la capacidad de asimilación por las empresas y sus organizaciones. Hay que saber que no se puede estar asimilando toda la tecnología que va apareciendo y que hacerlo conlleva riesgos muy severos. A principios de los años dos mil, todos daban por supuesto que la telefonía clásica en la empresa debería renovarse por la telefonía IP. El cambio en funcionalidad era realmente escaso, al fin y al cabo se trataba de hablar por teléfono, pero el coste asociado era de un orden de magnitud mayor al sistema anterior. Solo los más listos se dieron cuenta de que era mucho mejor pasar a la telefonía móvil de empresa directamente y eliminar la mayoría de los terminales de teléfonos fijos internos de las compañías. En ocasiones va bien contar hasta tres y pensarlo de nuevo, antes de malgastar el tiempo y el dinero de la empresa.

Dirigir la Transformación

Desde un punto de vista puramente formal podríamos decir que se trata de un ciclo con tres grandes bloques de actividad:
1. La identificación de oportunidades y riesgos.
2. La monitorización de hipótesis y de la evolución de riesgos y oportunidades.
3. La actuación, por medio de acciones de dirección y gestión.

Así mismo, hay tres grandes bloques de mecanismos de dirección y gestión:
1. La Gestión de Riesgos y Oportunidades.
2. La gestión de la Reputación e Inteligencia Empresarial.
3. La gobernanza, entendida como el sistema por medio del cual se gobiernan las organizaciones.

La identificación, planificación, implantación y funcionamiento apropiado de estos mecanismos es crucial para identificar y mantener los cambios y lograr niveles apropiados de eficacia y eficiencia.

La imagen anterior tiene una serie de términos que suelen manejarse con cierta alegría en el mundo corporativo. Uno de los términos más usado últimamente es el de *gobernanza*, que conviene definir para evitar diferentes interpretaciones.

Aunque en China Confucio empezó, en sus Analectas, hace 25 siglos, a desarrollar los mecanismos de gobernanza, hay quien cree que se trata de un invento norteamericano y relativamente moderno. Cicerón también daba consejos a los gobernantes, cuatro siglos después[10]. La gobernanza corporativa tiene muchos siglos de historia[11] aunque en los últimos 10 años se habla más de ella y, probablemente, el informe más avanzado, en 2017, sobre la Gobernanza Corporativa es el King IV[12].

Según el citado estudio:

"La Gobernanza Corporativa, teniendo en cuenta los propósitos de King IV, trata sobre el ejercicio del liderazgo eficaz y ético por el cuerpo de gobierno. Este liderazgo incluye cuatro responsabilidades generales del cuerpo de gobierno:

(i) Proporcionar el rumbo estratégico,
(ii) Aprobar las políticas para poner en efecto la estrategia,
(iii) Realizar una supervisión bien informada de la puesta en práctica y del desempeño,
(iv) y Transparencia.

---

[10] Consejos que demuestran ser de completa actualidad. En los anexos hay unos cuantos de ellos.
[11] Véase, por ejemplo, el capítulo 1 *de Governance, Risk and Compliance Handbook*, de Anthony Tarantino
[12] Institute of Directors, Southern Africa: http://www.iodsa.co.za/

El liderazgo ético y eficaz debería ocasionar los siguientes resultados beneficiosos de la gobernanza para la organización: (i): cultura ética; (ii): desempeño y creación de valor sostenibles; (iii): control adecuado y eficaz por el cuerpo de gobierno, y (iv): proteger y construir la confianza en la organización, su reputación y su legitimidad".

El mismo documento menciona, en su introducción (*Ethics of Governance*) , que la gobernanza corporativa se basa en el liderazgo eficaz y ético, donde el Consejo de Administración debe ser modelo de ética y eficacia de para toda la organización.

Unos párrafos más adelante, (*Governance of Ethics*), dice que el Consejo debe asegurarse de que se gobierna de forma eficaz la ética de la organización y menciona: "La Ética contiene, entre otras cosas, la prevención del fraude y de la corrupción. No sólo se refiere a las relaciones entre la organización y los interesados internos, sino que se extiende a las relaciones con la sociedad y a su responsabilidad sobre el medio de uso de los recursos y cómo los resultados afectan a la economía, la sociedad y el entorno".

No es razonable que haya personas y empresas que, salvando el contexto histórico, traten de dirigir sus organizaciones y sus personas con ideas muy parecidas a las que usaba Leopoldo II de Bélgica en el Congo. Aún hay empresas, muy grandes, cuyos directivos manifiestan sin ambages que la herramienta de gestión con sus empleados es la mano dura y la coacción, o empresas que mantienen un doble lenguaje, hacia fuera con mensajes conciliadores y recepción de premios por comportamientos notables, y hacia dentro, con trato coercitivo y de abuso de poder a sus empleados. Cuando alguien use, propia o impropiamente, la palabra "gobernanza" o "gobierno corporativo" de algo, debería tener en mente estas ideas.

Adam Smith, en su libro de 1776, *Investigación sobre la Naturaleza y Causas de la Riqueza de las Naciones*, dice: "... cuando no coincidan plenamente la propiedad y el control de las corporaciones, habrá posibles conflictos de interés entre los propietarios y los controladores...". En los últimos 30 años, con la tendencia de incentivar a los máximos directivos por medio de *stock options* (lo que de forma inmediata da información de que no deben esperar estar en el cargo más de unos pocos años), se han visto claramente esos conflictos de intereses. Concretamente podemos revisar los problemas del sector financiero, en los que la presión por elegir entre lograr la retribución por cumplimiento de objetivos o acabar en la calle[13], muchos directivos han elegido realizar acciones claramente poco éticas y perjudiciales para la empresa y sus propietarios, con tal de alcanzar objetivos miopes, cortoplacistas y letales para el valor a largo plazo de la empresa.

La teoría de la independencia entre los que dirigen (Consejo de Administración) y los que gestionan (Comité Directivo) funciona cuando el Consejo no abandona su responsabilidad en manos de los directivos y cuando se nombren consejeros que claramente tienen la capacidad necesaria para el puesto.

---

[13] Suena como la celebérrima expresión: "...Plomo o plata".

Las modernas visiones sobre la democratización de todo son, en parte, responsables de los disparates de algunas empresas: ¿imaginan ustedes que la estructura de un puente colgante se decidiera en una asamblea de "personas del pueblo", en vez de como resultado del trabajo de un grupo de ingenieros y otros profesionales muy capacitados? ¿Y si una asamblea elegida democráticamente entre personas del pueblo (no entre cirujanos y otros médicos apropiados) ejecutara, literalmente, un trasplante de corazón? ¿Osaría el lector ponerse en tales manos asamblearias? Así pues, la profesionalización del Consejo, teniendo en cuenta qué debe realizar el Consejo, es esencial, como dice King IV.

Normalmente los directivos, gerentes y gestores de una empresa tienen un horizonte de visión y preocupación en el medio y corto plazo, o sea muy operativa, mientras que el Consejo debe ocuparse de la supervivencia, es decir, el largo plazo, porque son precisamente ellos quienes hablan, piensan y se comportan en el nombre de la empresa. Hasta ahora esos Consejos de Administración estaban en su mayoría formados por tres tipos de perfil:

- economistas y financieros, para entender el momento financiero de la empresa y el devenir de la creación de riqueza en la empresa,
- abogados y legalistas, para defender a la empresa de problemas legales que le hagan perder valor o incluso desaparecer,
- institucionalistas o lobistas, para manejar las relaciones en los mercados, con las instituciones o las administraciones diversas.

Sin embargo, se ha detectado un vacío espectacular en la capacidad para la toma de decisiones que involucren a la tecnología, donde sabemos que tomar malas decisiones puede hacer que nuestros costes operativos suban espectacularmente, que nuestra competencia nos barra del mercado o que nuestros modelos de negocio se queden rápidamente obsoletos y sean poco productivos.

Es por ello fundamental que, en la nueva realidad social, económica y tecnológica, los órganos de gestión a largo plazo de la empresa, sus Consejos de Administración, incluyan Consejeros Independientes que sepan y conozcan de tecnología y de Transformación Digital.

Claves para la empresa en el siglo XXI

Solo existe una respuesta válida a tal pregunta: debe pensarse en Sistemas y en Personas. La Tecnología viene después.

Las empresas se han organizado tradicionalmente como sistemas desde el punto de vista del flujo de mercancías, productos y servicios pero, además, debe tenerse en cuenta la organización en sistemas desde el punto de vista de la información y el conocimiento que fluye en la empresa. Para entender este concepto debemos diferenciar entre:

- **Dato:** Es un hecho objetivo, determinado y conocido. Por ejemplo, el 20 de enero. Al decir 20 de enero todos tenemos claro de que estemos hablando, aunque no nos pondremos si es una época fría o calurosa si no sabemos si estamos en el hemisferio sur o norte del planeta.
- **Información:** Es un hecho con sentido. Por ejemplo, el 20 de enero es el cumpleaños de uno de los autores de este libro. Es algo que ofrece mayor detalle de un dato, dentro de un contexto y que por tanto ya tiene el objetivo de utilidad.
- **Conocimiento:** Es la combinación de diferentes informaciones, combinándolas mediante reflexión y análisis, que nos permite llegar a conclusiones o síntesis, e incluso a la elaboración de nuevas ideas por abstracción. Por regla general, suele incorporar importantes elementos

subjetivos. Por ejemplo, al autor de este libro que cumple años el 20 de enero le encanta que lo feliciten.

Aunque la aspiración final de una empresa es manejar conocimiento, la información es el lubricante esencial y la savia de la empresa actual: lo ha sido siempre, pero ahora hay empresas que sólo manejan información. Es el recurso intangible más valioso y poderoso en las nuevas organizaciones. Se podría decir, sin miedo a equivocarse, que si una empresa tuviera toda la información de otra empresa de la competencia, la podría eliminar de un plumazo del mercado. Hay que considerar seriamente que las empresas, sobre todos las del sector terciario y aquellas que intermedian mediante webs o *APPs*, son, esencialmente, procesadores de información. El análisis de la empresa desde el punto de vista de sistemas que interaccionan para lograr un funcionamiento común es esencial. Igual que en una empresa de producción industrial la optimización de los flujos de materiales y de productos intermedios y finales es crucial, la optimización de los flujos de información también lo es.

Peter Senge, en su libro "La Quinta Disciplina" identificó este modo de pensar en sistemas como la quinta disciplina[14] necesaria en la empresa y en el mundo entero, para entender que acciones sobre una parte de la empresa o del mundo, actúan, sino se ha pensado en el sistema completo, sobre otras partes y, a

---

[14] Las otras cuatro son: Maestría Personal, Modelos Mentales, Construcción de una Visión Compartida y Aprendizaje de Equipos

veces, se producen resultados muy diferentes a los buscados.

El libro mencionado formula a 11 leyes, que deberían esculpirse en piedra, como la Tablas de la Ley. La primera dice: "Los problemas de hoy se derivan de las soluciones de ayer". ¡Qué lástima que no se recuerde esta ley varias veces todos los días!

Por supuesto, cuando se habla de *la empresa*, hay que pensar desde el punto de vista que muestra la norma ISO26000: La empresa y sus interesados. En el mundo actual, interconectado y sensibilizado con los problemas de la sostenibilidad, el comercio justo, el trabajo justo, etc. no pensar desde el principio en todos esos interesados es arriesgar mucho.

Así pues, la empresa del siglo XXI es un subsistema de un sistema más amplio que, en el caso de empresas que quieran alcanzar mercados globales, es el mundo entero, con sus culturas, sociedades, mercados y sistemas políticos, religiosos y sociales.

Impartiendo clases de Master en la Universidad o en Escuelas de Negocios, es frecuente que se avive el debate en torno a cuál es el verdadero objetivo de una empresa. Normalmente los alumnos, gente metida en años y bregada en la empresa, dicen que el objetivo de la empresa es ganar dinero. Los más avanzados dicen que es generar riqueza. Es curioso ver su cara de sorpresa cuando se les pregunta si para ellos, personalmente, el objetivo de su vida es ganar dinero o generar riqueza. En breves minutos se converge en la idea de que el verdadero objetivo del ser humano es la felicidad, el cariño, el amor y la trascendencia. No es objetivo del ser humano respirar, y sin embargo, si no respira muere inmediatamente. En la empresa es igual, el dinero o la riqueza, son medios y no fines.

Por tanto, el objetivo de la empresa debe ayudar a lograr los objetivos de la humanidad entera, no sólo por filantropía, sino porque la humanidad está juzgando su comportamiento y suele castigar, al instante, cualquier comportamiento inapropiado.

Método de transformación Humana y Digital:

No separe la Transformación Humana de la Transformación Digital

A veces se olvida que las empresas funcionan por medio de personas y para que otras personas usen sus productos y servicios. Sin embargo, hoy sabemos que no existe verdadera transformación empresarial, por muy digital que sea esta transformación, si no se involucra en el proceso una verdadera transformación humana. Ya hemos visto cómo la Transformación Digital afecta de una forma drástica a los mandos intermedios de las organizaciones, y cómo los empleados de base deben adaptarse al nuevo uso de las tareas en fase de digitalización. Por otro lado los directivos tienen que cambiar sus paradigmas de liderazgo y gestión para adaptarlos a la realidad de empleados más libres, proveedores más grandes que ellos mismos, y clientes con una capacidad de influencia extraordinaria.

El libro de Uhl y Gollenia [15] *"Business Transformation Management Methodology"*, menciona: "... emphasizing the balance between rational and emotional aspects of transformation. Many sources refer to business transformation as a technocratic

---

[15] **Axel Uhl y Lars Alexander Gollenia: Business Transformation Management Methodology.**

exercise, where the success depends on an accurate diagnosis of need and an appropriate selection of communication means. Failure is justified by poor requirements analysis or insufficient communication. However, the emotional readiness of employees to absorb and accept transformation initiatives cannot be underestimated. This handbook specifically considers the rational and emotional aspects of business transformation".

Detectar que estos aspectos emocionales, que involucran tanto a empleados como a directivos, proveedores o clientes, son importantes, es la clave para realizar una Transformación Digital con éxito. Menospreciarlo es una garantía de fracaso.

Curiosamente, en muchas empresas se sigue considerando que la Transformación Digital es responsabilidad del CIO[16]. Suele ocurrir que, cuando aparecen, en los tratados sobre transformación, menciones a las personas y las emociones, los lectores pasan a la página siguiente y eso es un error muy grave. Con un equipo de personas capacitadas, motivadas y con emociones sanas, con escasez de otros recursos, suelen obtenerse mejores resultados que al contrario, es decir, empresas con abundantes recursos técnicos, financieros, etc., pero con personas desmotivadas, carentes de ilusión y con emociones tóxicas.

Uno de los mejores ejemplos es el anuncio que puso Ernest Shackleton en el diario Times en 1907: " Se

---

[16] Sí tiene mucho que decir y más que hacer, porque no se puede hacer la transformación sin la colaboración entusiasta del CIO, pero ni es el principal ni es el único interesado.

buscan hombres para viaje peligroso. Sueldo escaso. Frío extremo. Largos meses en la más completa oscuridad. Peligro constante. No se asegura el regreso. Honor y reconocimiento en caso de éxito". El anuncio, al que respondieron más de 5.000 aspirantes, era para preparar la Expedición Imperial Transatlántica, que salió el 1 de agosto de 1914 de Londres a bordo del "Endurance" con solo 28 hombres, y que pretendía cruzar todo el continente Antártico, desde la bahía de Vashel hasta la isla de Ros, en el otro extremo, pasando por el polo sur. Desgraciadamente su barco se hundió el 21 de noviembre al quedar triturado por la banquisa de hielo que lo atrapó en el mar de Weddell. Después de recorrer 554 kilómetros arrastrando las barcas de salvamento por el hielo y mar hasta llegar a la Isla Elefante. Allí, se embarcó en una de ellas, de tan solo 6,7 metros de eslora, la James Caird, y recorrieron 1.280 kilómetros por al peligroso y embravecido Océano Antártico, junto al paso de Drake, hasta alcanzar la isla de San Pedro, 16 días después, donde sabían que había una base ballenera. Al llegar a la isla, tres de sus hombres se quedaron en la barca y Shackleton, con los otros dos, aún tuvo que recorrer 35 km más por terrenos escarpados y montañas de más de 1.200 metros de altura. El 30 de agosto de 1915, volvió a la isla Elefante con un remolcador chileno para recoger a sus hombres. Todos ellos, sin excepción, volvieron sanos y salvos a Inglaterra.

Debemos pensar si nos gustaría estar en una empresa Shackleton o en una empresa Trump.

También es muy importante contar con las emociones tanto de los Proveedores como de los

Clientes y demás interesados (*stakeholders*) y afectados por la Responsabilidad Social de la empresa[17].

Olvidar la necesidad de contar honestamente y en una esfera de igualdad de las personas de interés o interesadas en la empresa conlleva aumentar las disfunción de los diferentes intereses cruzados, lo que no solo aumenta la toxicidad intrínseca empresarial, sino también el nivel de especulación interesada y cortoplacista comentado anteriormente.

El enfoque emocional y humanista de la empresa, que no tiene que confundirse con un enfoque *buenista*, introduce elementos que, bien gestionados, aumentan de forma sensible la productividad a medio y largo plazo de la empresa, permitiendo niveles de involucración y capacidad de adaptación a los cambios

---

[17] La norma ISO 26000 define la Responsabilidad Social como: La responsabilidad de una organización para que los impactos que sus decisiones y actividades tienen sobre la sociedad y el entorno, por medio de la transparencia y la conducta ética, contribuyan al desarrollo sostenible, incluida la salud y el bienestar de la sociedad, tenga en cuenta las expectativas de todos los interesados, cumpla las leyes aplicables y sea consistente con las normas internacionales de conducta, de modo integral en toda la organización y se practique en las relaciones de la empresa. Como es lógico, los interesados no son sólo los Clientes y los dueños de la empresa, sino todos los que pueden verse afectados por sus decisiones y actividades, por ejemplo: empleados, proveedores o habitantes en los alrededores. Menciona como asuntos esenciales: La gobernanza corporativa, los derechos humanos, las prácticas en el trabajo, el medio ambiente o entorno, las prácticas justas, los problemas con los consumidores y la participación y desarrollo de la comunidad.

mucho mayor. Las empresas deben convertirse en *Empresas de Adultos*, donde la supervisión, el control y los mandos intermedios sean sustituidos por mayores niveles de autorresponsabilidad, compromiso y ambición sincronizada con la de la propia empresa.

Entender que la parte humana, sus ambiciones, sentimientos y emociones, forman parte del éxito empresarial es imprescindible en la evolución del mundo laboral y el campo donde se desarrolla, la sociedad que lo rodea. No entenderlo es abocarse a enfrentarse a situaciones sociales complejas con evoluciones de consecuencias imprevisibles[18].

---

[18] Véanse, por ejemplo, los informes sobre las perspectivas del futuro del trabajo, de Davos 2014 y 2015.

Punto de partida: Situación actual

Uno de los filósofos más relevantes de la civilización china al que se le atribuye la obra esencial del Taoísmo, el Tao Te Ching, decía que "un viaje de mil millas comienza con un simple paso". ¿Se imaginan qué pasaría si ese paso se da en la dirección equivocada? Si se va a emprender un camino, no sólo hay que saber adónde se quiere llegar, sino comenzar por conocer el punto de partida, entendido éste como una situación. La distancia entre el punto de partida y el punto de llegada determinará, en gran manera, qué hay que hacer y qué medios movilizar para ese camino. Imaginen una persona de edad mediana, que se fija una meta: escalar un pico de 3.000 metros. Si esa persona tiene experiencia en escalar y está en muy buena forma física, está claro que podrá obviar una etapa de preparación personal, que sería crucial en el caso de una persona en mala forma y con nulo conocimiento de la escalada y sus técnicas. De igual modo, si ya se tiene equipo apropiado para la escalada, así como compañeros competentes, etc., la situación es muy distinta a si se carece de esos elementos.

Por ello, conocer el punto de partido es imprescindible.

Situación Inicial de la Empresa
La situación de la empresa, con todos sus elementos constitutivos: Personas, Estructura, Proceso y Tecnología, determina el lugar de partida, desde el punto de vista interno.

Situación de los Clientes y otros interesados
Se debe conocer la clase, costumbres, preferencias y capacidades de los Clientes y de los demás interesados en la empresa. Por ejemplo, una empresa como Harley Davidson tiene clientes con una edad media de 50 años, muy diferentes en cultura, gustos, poder adquisitivo, etc. a los clientes de Suzuki cuya edad media ronda los 35 años. Probablemente la estrategia de marketing será muy diferente a si la edad media es de 21 años. Se necesita conocimiento de la situación actual de nuestros clientes para poder inducir un cambio. Reines Hopes, Presidente de Mercedes Benz España, presumía haber reducido desde 2012 la edad media de los propietarios de Mercedes cinco años, de 54 años a 49 años, un año cada año. Entender que mucha gente joven no se compraba un Mercedes porque no quería que se le identificara con viejos ricos aburridos fue el paso inicial para hacer coches y campañas más modernos e identificados con los valores de sectores más jóvenes.

Pasa exactamente lo mismo con otros interesados, tales como nuestros proveedores, a quienes debemos entender y comprometer en nuestro proyecto, para que sean parte de nuestro sueño, no nosotros parte del suyo.

Mirar a los iguales
Uno de los errores más habituales cuando queremos empezar una transformación es despreciar la competencia, no mirar con suficiente atención los que están a nuestro nivel alrededor, o peor aún, no interesarse por los nuevos entrantes del mercado que pueden competir en breve con nosotros. Muchas veces vemos que los líderes pecan de prepotencia a la hora de

tener en cuenta otras visiones del mercado, y a muchos les cuesta la propia supervivencia. El ejemplo más famoso es el de Kodak, fundada en 1888 por el inventor George Eastman y que era el líder absoluto del diseño, producción y comercialización de equipamiento fotográfico. La irrupción de nuevos entrantes en el tratamiento digital de las imágenes llevó a la quiebra a toda la compañía en 2012, no sin antes interponer una demanda a Apple y a HTC por violar cuatro de las patentes de tratamiento digital de imágenes que la propia Kodak había inventado.

Así pues, es imprescindible aprender de los mejores dentro del sector, de los líderes de otros sectores y de los líderes de alguna de las disciplinas, herramientas u otros elementos que la empresa puede necesitar.

Punto de llegada: Escenario deseable.

Conocer la meta, si ya se conoce el punto de partida, sirve para trazar la ruta. El escenario objetivo al que nos queremos encaminar debe estar definido lo mejor posible, para evitar diferentes interpretaciones de los diferentes participantes en la transformación. Ello tradicionalmente se consigue invocando a los famosos y conocidos conceptos de *Visión* y *Misión* de la empresa, y los condicionantes con lo que se van a acometer, también llamados *Valores*.

Visión y Misión.

En estos tiempos, es frecuente ver como varían, en períodos relativamente cortos, las misiones y visiones de algunas empresas. Puede ser lógico si se piensa que la adaptabilidad extrema de las empresas es un requisito fundamental que ha venido para quedarse.

La *Visión* es el ideal, la ilusión que se quiere alcanzar, plasmado en imágenes o historias.

La *Misión*, por el contrario, es algo más terrenal, es el propósito, la razón de ser de la empresa y la justificación de su existencia.

Siempre que se trata con términos, como no puede ser de otra forma, existen diferentes aproximaciones e interpretaciones, que el lector podrá ver en los ejemplos que se muestran a continuación. Sería bueno que el lector aplicara su propio criterio para dilucidar si las definiciones incluidas en los ejemplos son apropiados, claros, concisos y descriptivos.

Algunos ejemplos de misiones, visiones, propósitos o términos similares, de diferentes compañías diversas se muestran a continuación.

Misión de Google:

- o Organizar la información del mundo y hacerla accesible y útil universalmente.

Misión de Accenture:

- o Ayudar a las compañías y Organizaciones a mejorar su rendimiento y competitividad.

Visión y Misión de Atos:

- Nuestra visión del futuro es acelerar el progreso uniendo personas, negocios y tecnología.
- Nuestra misión es la búsqueda de una rentabilidad financiera con un impacto social y ambiental consciente.

Visión de Indra:

- La visión de Indra es ser una empresa innovadora y del conocimiento en las relaciones con nuestros públicos internos y externos (accionistas, empleados, clientes, proveedores, etc.), así como con las instituciones que lo cultivan y desarrollan, y las comunidades en las que actuamos.

Misión de PWC:

- Nuestra misión es construir confianza en la sociedad y solucionar problemas importantes.

Misión de Endesa:

- *Nuestra misión es Open Power, que significa abrir el acceso a la energía a un mayor número de personas, abrir el mundo de la energía a nuevas tecnologías, abrir la gestión de la energía a las personas, abrir la posibilidad de nuevos usos de la energía, abrirse a un mayor número de alianzas.*

Visión y Misión de Iberdrola:

- Nuestra visión es ser el grupo multinacional líder en el sector energético que protagonice un futuro mejor creando valor de forma sostenible con un servicio de calidad para las personas: ciudadanos, clientes y accionistas -a quienes cuidamos e involucramos en nuestra vida social- y para las comunidades en las que desarrollamos nuestras actividades generando empleo y riqueza -con quienes dialogamos de forma constructiva-, erigidos como referente por nuestros firmes compromisos con los principios éticos, el buen gobierno corporativo y la transparencia, la seguridad de las personas y del suministro, la calidad y la excelencia operativa, la innovación, el cuidado del medio ambiente, la orientación al cliente y los Objetivos de Desarrollo Sostenible aprobados por la Organización de las Naciones Unidas. Haciéndolo posible gracias al trabajo de nuestros empleados y de las personas que trabajan con nuestros proveedores y colaboradores, a los que cuidamos ofreciendo todos los recursos en formación y medidas de conciliación que están a nuestro alcance para su desarrollo y para potenciar la igualdad de oportunidades."
- Nuestra misión es crear valor de forma sostenible en el desarrollo de nuestras actividades para la sociedad, ciudadanos, clientes, trabajadores, accionistas y demás grupos de interés, siendo el grupo multinacional líder en el sector energético que presta un servicio de calidad mediante el uso de fuentes energéticas respetuosas con el medioambiente, que innova, que encabeza el proceso de transformación digital en su ámbito de actividad, que está comprometido con la lucha contra el cambio climático a través de toda su

actividad empresarial, con el dividendo social y con la generación de empleo y riqueza en su entorno, y que considera a sus empleados un activo estratégico. En este sentido, fomentamos su desarrollo, formación y medidas de conciliación, favoreciendo un buen entorno de trabajo y la igualdad de oportunidades. Todo ello, en el marco de nuestra estrategia de responsabilidad social y de cumplimiento de las normas tributarias.

Como podemos apreciar a simple vista, las visiones y misiones de las empresas son muy distintas y se expresan de maneras muy diferentes, desde las escuetas y sencillas, propias de las compañías tecnológicas anglosajonas, hasta las farragosas y complejas expresiones utilizadas por algunas eléctricas.

Valores

Los valores son, en realidad, los principios que nos guían para alcanzar la visión y misión de las empresas. Son por tanto condicionantes que limitan el espacio de juego y las reglas con las que estamos dispuestos a alcanzar los objetivos. No todo vale y las actuaciones de la empresa se han de restringir al espacio que ellos dejan para moverse.

Valores de PWC:

- o Actuar con integridad
- o Constituir la diferencia
- o Cuidar a nuestros Clientes
- o Trabajar juntos
- o Reimaginar lo posible

Valores de Endesa:

- o Responsabilidad
- o Innovación
- o Confianza
- o Proactividad

Valores de Iberdrola:

- o Creación de valor sostenible
- o Principios éticos
- o Transparencia y buen gobierno corporativo
- o El desarrollo de nuestro equipo humano
- o Compromiso social
- o Sentimiento de pertenencia
- o Seguridad y fiabilidad
- o Calidad
- o Innovación
- o Respeto por el medio ambiente
- o Orientación al cliente
- o Lealtad institucional

Objetivos

Mientras la misión, la visión y los valores responden a un horizonte a largo y medio plazo (no hablamos de años sino de una clase de horizonte), los objetivos suelen referirse a plazos inferiores (medio y corto) y, sobre todo, como diferencia esencial, los objetivos se determinan a partir de suponer varias hipótesis o supuestos, sobre el futuro, y si no se cumplen esas hipótesis, deberían cambiarse los objetivos. Esta subordinación de los objetivos a las hipótesis de planeación suele olvidarse en no pocas empresas. En realidad, no se transmiten los objetivos con las hipótesis sobre las cuales se han definido, sino sólo aquéllos, que adquieren la cualidad de *Tablas de la Ley* y que, por tanto, han ocasionado sonoros y lamentables desastres en la historia reciente.

Es fácil deducir de lo anterior, que los objetivos son mucho más variables que la misión, la visión o los valores, porque éstos no se construyen sobre hipótesis sino sobre convicciones.

Por supuesto, que incluso las convicciones pueden cambiar pero, poniendo un símil, la misión, visión o valores son como una Constitución y los objetivos son como las leyes o decretos, que pueden cambiar pero siempre sujetos al marco constitucional. Todos ellos pueden sufrir cambios, pero son de distinta clase y rango.

El mapa y la brújula, en el Proceso de Transformación

La transformación Humana y Digital de la empresa puede considerarse como un camino que debe recorrerse desde el punto de partida hasta llegar a la situación deseada. Un buen símil para bajar a lo sencillo lo complejo que es esto, es pensar en un mapa y una brújula. El mapa debería tener puntos intermedios o hitos que se deberían alcanzar, si se van cumpliendo las hipótesis y previsiones. En caso contrario, se deberían cambiar algunas hipótesis, previsiones, medios o modo de la ejecución de la Transformación.

La brújula ayuda a situarnos en el terreno del mapa trazado, y a ajustar el rumbo durante el camino. En el caso de la Transformación, podríamos decir que la brújula son los indicadores que van cambiando a medida que vamos sustituyendo los procesos antiguos por otros más nuevos. Ello nos servirá para comprobar que se está avanzando en la dirección correcta, es decir, que se van cumpliendo las hipótesis y las previsiones. Así pues, si es importante definir bien el camino, no lo es menos definir indicadores que nos indiquen que la Transformación se va llevando a cabo correctamente.

Generar el *Roadmap* para alcanzar la Misión y la Visión deseadas.
La meta de la Transformación es aproximar en el tiempo la visión de la empresa y cumplir la misión encomendada. Es bueno no pecar de exceso de ambición y entender perfectamente los marcos

temporales adecuados a nuestras capacidades para alcanzar los objetivos.

Puede ocurrir que la misión y visión que se plantean, se encuentren con dificultades insalvables, al menos en el horizonte temporal de la Transformación planteada, por lo que suele establecerse un mecanismo de reajuste, temporal o definitivo, en el *roadmap* para alcanzar la misión y visión deseadas, para adaptarlo a la situación real, a los cambios en las previsiones y a las capacidades existentes en la empresa.

Si aún así, las revisiones, la gestión de riesgo, las evaluaciones de la marcha de la Transformación muestran que la situación ideal no es alcanzable, habrá que reformular y replantear esa situación y plantear misión, visión y objetivos viables, aunque no se renuncie más adelante a emprender la búsqueda de los ideales.

Aún con la mejor preparación y ánimo es posible que pueda surgir un problema imprevisto, por lo que la anticipación de problemas y la gestión de riesgo son herramientas cruciales en PETRA[19].

Palancas esenciales:

Ilusión y Trascendencia
No solo hay que transmitir la Visión a todos los empleados de la empresa, sino que hay que hacerlo con

---

[19] P.e. Análisis Pestle(s), que considera los posibles riesgos Político, Económico, Social, Tecnológico, Legal, Entorno, (Seguridad).

dos palancas ineludibles para las empresas líderes: la ilusión y la trascendencia.

La ilusión tiene que ver con dotar al entorno de una expectativa positiva y sobre todo alegre. Hablamos pues de emociones y de estados emocionales grupales, no solo individuales. La ilusión va acompañada de recompensas a medio y largo plazo, la mayoría de las cuales no son dinerarias, sino las de pertenecer a un grupo, a una empresa o a un proyecto por el que merezca la pena levantarse cada día y luchar. En definitiva, la ilusión es la alegría con la que nos dirigimos todos los días a nuestra empresa porque sabemos que nuestra participación es esencial para conseguir los objetivos, es el verdadero sentido de nuestra contribución.

La trascendencia es algo más profundo, más a largo plazo aún, pero sobre todo mucho más potente y que, bien gestionado, supone la diferencia vital entre aquellas empresas que son líderes y las que no lo serán nunca. La trascendencia gestiona términos emocionales tan profundos y arraigados en el ser humano, como la necesidad de comprender que nuestro paso por la vida deja una verdadera huella. Paras por la vida sin dejar huella es una de las cosas más decepcionantes para las personas. Por el contrario, aquellas personas que saben que dejaran una huella imborrable en los suyos, en su empresa o en la sociedad, son imbatibles en la consecución de sus objetivos. No sé si se han dado cuenta de que muchas de las calles de nuestras ciudades tienen nombres de personas célebres, de políticos, gente del mundo del arte, etc. En otras palabras, gente que ha contribuido de una forma u otra a hacer un mundo mejor. Por el contrario, la mayoría de las salas de reunión de las empresas responden exactamente al mismo patrón: planetas, pintores, pensadores, escritores, etc. A estas alturas ya se habrán dado cuenta de la falta de alineamiento y los efectos que podría tener en la plantilla ponerle a las salas de reunión o a las plantas de los edificios corporativos, o incluso a los propios edificios, nombres de personas que han contribuido a hacer esa empresa una compañía más grande, más sana, más sostenible y mejor. ¿Se imaginan el efecto que causaría en las personas saber que un día su apellido, debajo de un cuadro suyo, dará nombre a la sala de reuniones del comité ejecutivo porque consiguió, mediante su trabajo y su esfuerzo algo relevante para su empresa? Los efectos son simplemente impresionante.

La trascendencia es lo que hace que digamos aquello de "yo estuve allí", "gracias a mí conseguimos extender la empresa por todo el mundo", "yo hice aquel sistema", "yo participé en aquel proyecto", "me siento orgulloso de haber podido pertenecer a aquel proyecto" o "aquella gesta, aquel esfuerzo infrahumano que llegamos a hacer nos trajo a este maravilloso presente. Recuerden que no es lo mismo poner ladrillos que poner ladrillos para construir el edificio más alto del mundo, que no es lo mismo derribar edificios viejos que derribar el muro de Berlín.

En una ocasión, Pedro Duque, astronauta español explicaba una anécdota que resulta muy sugerente en este instante. Estaba en una visita a la base de lanzamiento de las lanzaderas espaciales en Cabo Cañaveral. Cuando la comitiva se disponía a entrar al edificio donde se debían reunir, en la puerta había un empleado barriendo la entrada de las hojas caídas en otoño. Era un señor de color, de unos sesenta años, vestido con un mono verde y con la insignia de la NASA en el brazo y en el pecho. Alguien de la comitiva, entendiendo que estaba en el medio del paso le espetó un: "Pero hombre, qué hace usted aquí". El barrendero de la NASA no se dio demasiado por aludido, se incorporó, puso su escoba en posición vertical, se apoyó con el brazo en ella, miró a la lejana plataforma de lanzamiento donde había una nave espacial dispuesta, y orgullosamente dijo: "Señor, yo ayudo con mi trabajo a enviar hombres y mujeres al espacio".

Tensión y Bienestar
Es sobradamente conocido para los deportistas de élite que deben alternarse, y en ocasiones solaparse, periodos de esfuerzo y descanso para conseguir los mejores resultados. Sabemos que las empresas donde se vive siempre en tensión, donde el estrés se ha convertido en crónico y cotidiano, están abocadas, cuando menos, a ser menos productivas, y con frecuencia a desaparecer. Una tensión excesiva, paraliza, mata la expresión, arrasa la creatividad y la espontaneidad de sus equipos, y en definitiva, ofrece menos capacidades internas y al mercado de lo que podría ofrecer. Es una empresa de capacidades limitadas.

Sin embargo, una empresa con ausencia de tensión se convierte en un organismo vago, centrado en la inacción, en el no pasa nada, en la procrastinación, cayendo en las mismas consecuencias que las que sufren de exceso de tensión. Es por tanto el equilibrio en la cantidad de tensión la clave para la mejor consecución de los resultados y este equilibrio se puede obtener gestionando el bienestar, ya que ello hace más llevaderas las tensiones propias de las consecuciones empresariales.

El bienestar tiene que ver con disponer de espacios, de tiempo, de recompensas, de descanso, de ocio, pero también de la sensación de protección y de ser queridos, de cariño. La sensación de bienestar es un tema realmente muy subjetivo y tiene que ver con gran cantidad de factores. Algunos de ellos que se consideran importantes son: un espacio de trabajo agradable, limpio y diáfano, capacidad de conciliar con la familia, facilidad para formarse, actividades sociales, culturales y deportivas desarrolladas por la empresa, etc.

Conocimiento
Para que la contribución de las personas al proyecto de transformación empresarial sea realmente efectivo, es decisivo que dispongan del conocimiento necesario para poder aportar las nuevas capacidades que serán necesarias. De forma tradicional, el flujo de adquisición de los conocimientos en la empresa ha sido reactivo por parte del empleado, es decir, la empresa entiende las capacidades que le faltan y propone a sus empleados formaciones específicas para la adquisición de tales capacidades. Es el empleado el que debe decidir en muchos casos si las acomete o no. No en pocas ocasiones, hemos asistido a renuncias por parte de empleados saturados en su vida profesional o personal para formarse en disciplinas diversas, ya sea en

incrementar su nivel de inglés o en capacitarse ampliamente en gestión realizando un prestigioso MBA. Es evidente que la capacitación requiere un esfuerzo no despreciable.

Tome en cuenta el lector el cambio que se produce en el empleado al respecto de la adquisición de conocimientos. Antes de acceder al mundo laboral hacen verdaderos esfuerzos, también económicos, para formarse en diversas disciplinas del conocimiento con el objetivo final de ser útiles a la sociedad, normalmente trabajando por cuenta ajena en una empresa. Una vez que acceden al mundo laboral la cosa cambia y se vuelven reactivos en esta materia, esperan que la empresa se haga cargo. Sin embargo, esto no parece lo que las empresas están buscando. Las empresas buscan personas que inviertan en sus propias capacidades, ya que, si bien es cierto que eso es bueno para la empresa, en realidad la inversión es buena especialmente para el empleado que aumenta su prestigio, empleabilidad y le permite ascender en la escala organizativa.

La participación de las personas es decisiva y será para bien si tienen, además de la ilusión, el conocimiento necesario y la capacidad para adquirir el que falta, y la experiencia precisa para saber usar adecuadamente ese conocimiento.

La Transformación Humana y Digital exige que se piense en las personas y que las personas piensen. No se trata de copiar un esquema que ha tenido éxito en otra empresa, sino de pensar, decidir y ejecutar una iniciativa que, aunque puede y debe mirar a iniciativas similares, sea competitiva y original en cierto grado.

Empatía con los Clientes
No hay empresa sin empleados, pero sobre todo no hay empresa sin clientes, y sin embargo una mayoría de las empresas están definitivamente de espaldas a ellos: no los conoce suficientemente bien, no conoce los aspectos emocionales que rodean estas relaciones y no tolera con suficiente madurez las críticas que éstos les realizan.

El presidente que está a cargo de reflotar uno de los bancos más grandes españoles, cuya crisis lo llevó a ser intervenido por el Estado, José Ignacio Goirigolzarri, dijo en una entrevista de Executive Excellence, con el paleontólogo Ignacio Martínez Mendizábal, descubridor del yacimiento de Atapuerca: "Al final es importante que los clientes sientan cariño por nuestra gente, y al revés. Realmente, en las relaciones humanas, el cariño es el cemento que consolida un proyecto. Yo defiendo ese concepto de empatía y de cariño, que se tiene que basar en la profesionalidad". Esto concepto empático debe llegar a lo más profundo de la organización y debe permear al propio cliente, lo que nos permitirá tener cuotas desconocidas de conocimiento sobre él.

Es muy relevante entender, sin paradigmas limitantes, el punto de vista del cliente de forma amplia, esto es, no solo en la fase de diseño de productos y servicios, sino también en la forma de consumirlos o de darle respuesta ante las incidencias que pudiesen aparecer. Solo conociendo bien al cliente, sus aspiraciones, sus complejidades y sus emociones, seremos capaces de construir unos productos y servicios ajustados, pero sobre todo transformar los procesos y a las personas de la empresa para que sean provistos de forma eficiente y excelente.

Liderazgo

Las empresas suelen estar plagadas de directores, directivos, gestores y mandos intermedios, pero suelen tener menos líderes y, sin embargo, todas las personas que ocupan esos puestos, deberían serlo en mayor o menor medida, puesto que ser líder no es algo absoluto y tiene muchos matices y niveles.

Dice el diccionario de la RAE que Liderazgo es la condición de líder y el ejercicio de dicha condición, mientras que al líder lo define como la persona que dirige u orienta a un grupo, que reconoce su autoridad, o la persona, equipo o empresa situados a la cabeza en una clasificación.

Está claro que la orientación del liderazgo, sus objetivos, deben ser honestos y honorables. Nadie querría, en estos tiempos, tener un Hitler en su empresa. Además, el grupo debe reconocer su autoridad, pero más en el concepto proveniente del latín *autoritas*, basado en lo contrario de la autoridad formal. Estamos lejos de considerar como válidas aquellas posiciones largamente establecidas en las décadas anteriores donde el miedo era una herramienta válida de gestión. Es famosa la frase de un miembro de un Comité de Dirección de un banco español que decía: "La única herramienta de dirección necesaria en la banca, es el terror. Con ella se convence a los empleados para vender cualquier clase de producto a cualquier clase de cliente, para tener disponibilidad ininterrumpida y para entender que la jornada de 8 a 15 es sólo orientativa y peligrosa para la continuidad del empleo".

Si miramos en profundidad algunas empresas líderes del mercado, se encuentra que son empresas que tienen empleados orgullosos de serlos, motivados y porfiando por entrar en esas empresas, porque no emplean el terror, sino todo lo contrario: la ilusión, la participación, la idea de un futuro mejor y la estrategia compartida con toda la organización. En este punto, debemos aseverar que aumentar y diseminar el liderazgo por toda la organización es fundamental para el éxito de su empresa.

Dirección

La dirección de una empresa es un término un tanto difuso que en realidad nos lleva a perder de vista lo verdaderamente importante que significa. En muchas ocasiones se confunden las personas que forman parte de la dirección de una empresa con la función que ejercen. La dirección de una empresa no es en absoluto sinónimo de los directores de una empresa. Esto es especialmente importante en el mundo latino, donde la palabra *director* se utiliza con un alcance mucho más amplio que en los países de habla anglosajona. En estos países, *director* significa miembro del Consejo de Administración o máximo órgano de gestión de la empresa, mientras que, desde el Comité de Dirección hacia abajo, ya no hay *directors* sino que las funciones se dividen en *managers, executives, heads* y términos similares.

En cualquier caso, los que llamamos la dirección de una empresa, y que abarca desde el Comité de Dirección, hasta el sustrato de los mandos intermedios, es fundamental para llevar a cabo una verdadera transformación. Ambos autores, tenemos larga experiencia como profesores universitarios e impartimos diferentes asignaturas en prestigiosas universidades y escuelas de negocios. Con frecuencia, en nuestras clases, tenemos que incidir en que no existe posibilidad de éxito de un gran proyecto de transformación sin la implicación de esta capa directiva, empezando por el CEO o máximo responsable de la compañía. La labor de liderazgo *top-down* en la transformación es absolutamente irrenunciable y es por ello que incidiremos en ello como uno de los principales factores de éxito o de fracaso, según se gestione.

No existe dirección sin sentido, por lo que uno de los cometidos básicos de la dirección de una empresa es dotar de sentido, creíble, verificable e ilusionante, la transformación, porque si tiene sentido lo que se hace es mucho más sencillo encontrar los mecanismos adecuados para hacerlo.

Gestión

Una vez definidos y fijados por el Consejo de Administración los aspectos esenciales de la empresa, tales como Misión, Visión, Valores y Objetivos a Largo Plazo, se comunican a la capa directiva para que gestionen, de modo eficaz y eficiente, las tareas y recursos para alcanzarlos. La gestión está muy relacionada con tener las capacidades para descomponer estos grandes conceptos en hitos más pequeños y fáciles de ejecutar, y planificarlos en el tiempo. Es la ejecución exitosa de estos planes lo que se conoce comúnmente como gestión.

En definitiva la gestión es el uso eficaz y eficiente de los recursos que los Consejos de Administración ponen a su alcance, involucrando tales recursos a personas, organizaciones, bienes capitales y no capitales, y sobre todo, muy relevante en la Transformación Digital, información. Profundizando en el caso de la Tecnología de la Información, la situación actual en la cual el CIO parece ser el responsable último de la Información de la empresa, y sobre todo de la tecnología de procesamiento de esa información, viene motivada porque en los Consejos no suele haber personas capaces de asumir las responsabilidades necesarias, por la complejidad y juventud de los elementos usados, con algunas excepciones, en empresas del sector de la Tecnología de la Información, incluidas en ellas las Telcos y en algunos bancos, en los que se ha comprendido que la Información no es un recurso más, sino el recurso esencial.[20]

---

[20] Un ejemplo es BBVA, cuyo presidente fue profesional de la TI y que dijo en marzo de 2015 "En el futuro, BBVA será una empresa de software" siguiendo la pronunciada por el presidente del Bank of America en los años 90 : "Somos una empresa de software, disfrazada de banco".

Decálogo sobre la Transformación Humana y Digital

1. Si no hay un cambio en la misión, en la visión o en los valores de la compañía, no es una transformación de alcance.
2. Debe contar con la implicación sincera y comprometida de la alta dirección de la compañía.
3. La transformación produce mucho desasosiego, por lo que sea sincero y logre que lo sean todos los interesados y participantes, y comuníquelo al resto.
4. Hay que pensar desde la perspectiva del los Clientes y trace de nuevo los procesos, de forma inversa, hacia la empresa.
5. La mejora del valor debe consolidarse a largo plazo, de forma sostenible y no sólo por el valor financiero, sino teniendo en cuenta la mejora reputacional y las emociones de nuestros Clientes.
6. Es importante ver que hacen competidores, pero es también muy importante lo que hacen otros sectores que puede impactarnos o de lo que podamos sacar provecho.
7. Tenga en cuenta los factores esenciales para la gobernanza de la transformación:
    a. No solo hablamos de tecnología.
    b. La Transformación modifica el mapa de responsabilidades.
    c. Estrategia clara, definida y comunicada a todos los participantes.

d. El comportamiento humano, sus ambiciones y sus emociones, conforman uno de los factores más críticos en el éxito de la Transformación. A fin de cuentas es una transformación human y digital.
8. Si se comunica apropiadamente lo referente a la Responsabilidad Social Corporativa (ISO 26000) es un factor vertebrador muy potente para la transformación.
9. La evolución de los indicadores de rendimiento de los procesos, especialmente los considerados como más relevantes, así como la verificación de los casos de negocio es fundamental para el éxito de la transformación.
10. La comunicación y el logro de ilusionar a los participantes e interesados son esenciales.

Visión general de la metodología PETRA

PETRA es una metodología basada en la experiencia y en la verificación de su bondad y capacidades reales de implantación en los procesos de transformación. Está basada en unos principios que responden al acrónimo **SIMPLE:**

- **Sencilla:** Que sea fácil de entender, de seguir y de llevar a la práctica real.
- **Iterativa:** Que permita aproximaciones por sucesivas iteraciones.
- **Modular:** Que permita su rápida adaptación a transformaciones más o menos complejas.
- **Potente:** Que sea de amplio espectro de aplicación.
- **Ligera:** Que no consuma excesivos recursos para su aplicación.
- **Eficaz:** Que sirva realmente para transformar.

Por otro lado, PETRA se estructura en cinco fases o etapas para conseguir la transformación. Estas fases que se conectan en un todo son:

1. **Etapa 1 (P):** Reconocer, explorar, estudiar y analizar los **P**roblemas actuales incluidos los indicadores, **P**osibilidades de actuación y **P**ropuesta de un **P**lan de actuación.
2. **Etapa 2 (E):** Analizar todo lo anterior desde el punto de vista de la **E**xperiencia del Cliente o del Usuario.

3. **Etapa 3 (T):** Creación de prototipos o Tests para la evaluación de las bondades de las ideas o propuestas elaboradas.
4. **Etapa 4 (R):** Reorganización de los procesos, tareas y organización necesarios para la adecuación a la transformación propuesta o realizada.
5. **Etapa 5 (A):** Recopilación de las lecciones Aprendidas y Análisis de los nuevos indicadores.

Etapas de la metodología

Etapa 1: P: Problemas, Posibilidades y Preparación del Plan de Transformación

Esta etapa estudia la situación actual de la Empresa, se identifican los verdaderos problemas que la aquejan, mostrando su posición con respecto a otras empresas del sector y respecto a las empresas líderes en transformación digital. A continuación se detectan las oportunidades y amenazas actuales, junto con las posibilidades de transformación reales y futuras. Finalmente, se define un primer Plan de Transformación.

Es, en resumen, un viaje desde *dónde se está, dónde están los demás y un perfilado de dónde se quiere llegar* mediante la transformación, que suele comenzar con la pregunta: *¿Por qué cree que debe transformarse su empresa?* Esta pregunta, desarrollada en entrevistas, es crucial para comprender el contexto del proyecto, situar las expectativas de los interesados y comenzar a conocer las capacidades de la organización para poder afrontar el cambio con éxito.

El estudio se efectúa:

- Definiendo la posición actual de la empresa en los planos Personas, Organización, Tecnología y Proceso.

- Comparando esa posición con la de los líderes, fundamentalmente desde el punto de vista de los Clientes y prescriptores de la Empresa: ¿Qué obtienen los Clientes de los líderes y cómo interaccionan esos Clientes con esas empresa?

- Usando la creatividad para imaginar y evaluar el potencial de modelos de empresa y de comportamiento de Clientes más avanzados que los líderes.

- Fijando los objetivos de la transformación mediante el análisis del valor esperado, introduciendo parámetros de plazos, presupuesto y riesgos aceptables.

Visión general de la etapa

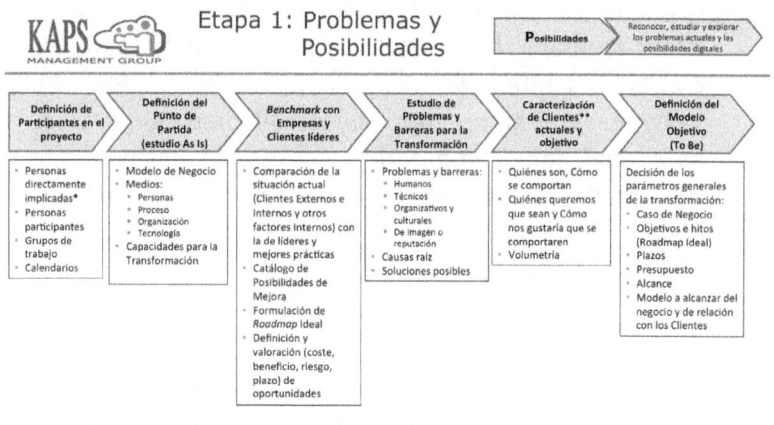

Los proyectos suelen fracasar por la mala dirección y gestión, no por la complejidad técnica. No es lo mismo escribir un programa que dirigir un grupo de 50 personas, muy cualificadas, para producir los resultados esperados por un grupo, a veces en conflicto, con intereses contrapuestos, en los cuales se suele prestar mucha atención a definir planes, poco menos que inventados, y muy poca al resto de elementos necesarios. Un ejemplo de lo cual se encuentra en la situación actual en la que se piensa que las personas son recursos equivalentes y, por lo tanto, intercambiables.

En esta etapa se juega gran parte del éxito de toda la transformación. Pensar que hay una solución para todo, y que esa solución es adquirir la tecnología de moda suele estar entre las causas principales de los grandes fracasos en proyectos de cambio empresarial. Es decir, debe quedar claro que el alcance, los afectados y los elementos que deben movilizarse no son nunca sólo tecnológicos.

Así mismo, suelen fracasar por la falta de mente crítica, necesaria para reconocer la situación real de partida. Un gran reto al que nos enfrentamos las personas que hacemos consultoría de transformación para obtener grandes eficiencias es que los directivos tienen miedo que encontrarlas los ponga en entredicho. Las preguntas típicas de "¿Si hay tantas eficiencias, me van a decir cómo es que no las identifiqué yo antes?", "¿Cómo vamos a decir que estamos tan mal y que podemos mejorar tanto?", etc.

Otro de los grandes retos es visualizar los grandes cambios que se pueden producir en el equilibrio de poder resultante, ya que la Transformación Digital puede cambiar de forma drástica este mapa de poderes. Frecuentemente, áreas de *backoffice* o de *Contact Center* disminuyen su presencia, fuerza de trabajo y por tanto su poder, sino desaparecen completamente. No van a estar muy por la labor, por tanto, de subirse al carro de la Transformación Digital.

La última gran causa de fracaso cuando planteamos una transformación se podría enmarcar en una visión miope de entender quiénes son todos los implicados en tal transformación. Cuando no se implican a todos los interesados, se suelen encontrar resistencias importantes, algunas de las cuales suelen hacerse fuertes e incluso impedir la transformación. Por ejemplo, no tener en cuenta a la representación social de las compañías cuando estamos planteando una Transformación Digital que puede acarrear la desaparición de numerosos puestos de trabajo, y la aparición de algunos nuevos, puede suponer la paralización de la propia empresa.

Por ello, en esta etapa hay que buscar todos esos elementos: Posibilidades, Problemas, Participantes necesarios en la transformación y elaborar una propuesta del propio Plan, que se verá perfeccionado en las siguientes etapas.

Si se analizan los factores que se emplean en una empresa, se encuentran:

- Personas (y su capital humano[21])

---

[21] : Hablar de RR.HH. es síntoma de una actitud que es, en parte, responsable de la despiadada frialdad con la que se

- Recursos Financieros
- Recursos Materiales o Tangibles
- Propiedad Intelectual
- Información del Negocio y su contexto (externa e interna)
- Relaciones

En realidad, la Propiedad Intelectual, la Información del Negocio, las Relaciones y el Conocimiento de las Personas, son información, y el logro o la capacidad de acceder a los Recursos Financieros están muy influido por la reputación. Véanse, como ejemplo, empresas que desde el punto de vista contable muestran unos resultados poco apetecibles, pero cuyas cotizaciones y financiación lograda son muy elevadas. Esto es especialmente visible en empresas puramente digitales que crean grandes expectativas de negocio a nivel global, con influencia en los mercados, y eso es gracias a su reputación de innovadoras y creadoras de ilusión.

---

envían al paro miles de trabajadores pensando que son de la misma naturaleza que los ladrillos o las máquinas y, por tanto, pueden intercambiarse unos por otros de forma equivalente.

Participantes

La transformación de la empresa debe dirigirse por quien dirige la empresa. Pensar que la transformación se dirige desde la unidad de TI, o por un CDO (Chief Digital Officer), suele ser una tentación habitual. La transformación de una empresa no se produce si no está involucrado en primera persona el máximo responsable de toda la empresa. Lo contrario significa renunciar de entrada a un porcentaje significativo de la expectativa inicial.

De igual modo que hemos dicho que la Transformación Digital no puede estar únicamente dirigida por el responsable de TI o CIO (Chief Digital Officer), tampoco puede hacerse a espaldas de éste, ya que por él pasan la mayoría de los recursos tecnológicos involucrados, y por otra razón mucho más poderosa. Hemos dicho que los sistemas de información configuran en realidad los procesos de la compañía. Es decir, los procesos de la empresa se escriben en el software que configuran los sistemas de información. Ello nos lleva a deducir que un buen CIO es una persona que conoce en buena medida la mayoría de los procesos de la empresa y, por tanto, de aquellos que se verán involucrados en cualquier transformación. Suele ser desastroso no tener al CIO involucrado en cualquier Transformación Digital.

Igualmente deben participar representantes capacitados de funciones del negocio, pues solo éstas son capaces de entender los verdaderos retos a los que se enfrentan sus mercados y clientes. Un error muy común es involucrar un número de personas excesivamente alto en las primeras etapas de la transformación, lo que puede dar lugar a la necesidad, poco eficiente, de tener que buscar consensos demasiado amplios. Por ello, debe dedicarse el tiempo y el esfuerzo necesarios para saber quién es quién en la empresa, no solo en el plano formal, necesario por el manejo del protocolo de gestión, sino también en el plano de los poderes fácticos de gestión, que permitan conseguir eficacia y eficiencia en el proceso de la transformación.

Hay herramientas sencillas para ayudar a perfilar los esquemas de participantes, de modo que se garantice que está quien deba estar y que se informe a quien se deba informar, y no más. Las matrices de interesados y de participantes, así como las matrices de reuniones y resultados de las reuniones son ejemplos de herramientas que deberían usarse para este trabajo

Punto de Partida

Si se quiere maximizar la probabilidad de éxito y reducir el riesgo, hay que conocer de dónde se parte y con qué elementos se cuentan. Esto conocido en muchas metodologías como AS IS, cuenta con dos importantes problemas: en primer lugar, el estudio de la situación actual tiene el riesgo de introducirnos en el método de transformación importantes paradigmas que hagan que entendamos como normales algunas cosas que no lo son. En cualquier caso, es imprescindible saber dónde nos encontramos y sobre todo con qué medios contamos para empezar el fabuloso viaje de la transformación humana y Digital.

Para ello, hay que efectuar un análisis, con alguna de las técnicas existentes, del estado de los recursos ya mencionados, Personas, Recursos Financieros, Recursos Materiales o Tangibles, Propiedad Intelectual, Información del Negocio y Relaciones. Pensamos que conocer este punto, logrando información sincera de los participantes en la transformación, es esencial. Para ello, se deben usar las herramientas y técnicas necesarias para plasmar, en modelos comprensibles, la situación real y poder estimar los caminos óptimos y factibles de transformación

Clientes Actuales, Potenciales y Objetivo:

Conocer y caracterizar los Clientes actuales, cuáles son y cuáles pueden ser sus necesidades, deseos y expectativas y cómo satisfacerlas, así como conocer la misma información de los posibles Clientes a los que actualmente no se llega, no solo desde el punto de vista de segmentación funcional sino también geográfica (el mundo entero, gracias a la globalización y la tecnología).

En esta etapa se deberá decidir cuál es el alcance que se quiere dar a la cartera de Clientes y diferenciar aquellos que consideramos potencialmente relevantes para definir cuáles son objetivo preferente.

Problemas actuales que impulsan o pueden frenar la Transformación

- **Humanos**

    La transformación se dirige, se implanta, se gestiona y se ejecuta con personas. Si se tiene personas ilusionadas, más que motivadas, con emociones sanas, satisfechas con su trabajo y capacitadas o con ansia de capacitarse, la transformación es posible. Por el contrario, una empresa con personas desanimadas o temerosas por su trabajo, por más que se invierta en tecnología y consultoría, no logrará buenos resultados. El uso de técnicas apropiadas para conocer y medir el clima laboral y, sobre todo el clima emocional, ayuda a mejorar la probabilidad de éxito. La transformación no es un trabajo normal, ni rutinario, es una empresa que exigirá esfuerzo y dedicación que sólo proporcionarán personas motivadas e ilusionadas.

    El conocimiento de las competencias existentes, para poder definir los planes de capacitación, una vez conocidas las deseables en el futuro permite saber cuáles se tienen ya y cuáles deben adquirirse, internamente o en el mercado.

- **Organizativos**
  Una empresa debe funcionar bien como sistema integral. No es raro encontrar muchas empresas que muestran comportamientos ejemplares en partes de ellas (subsistemas), pero cuyo funcionamiento completo no es bueno. Para mejorar el desempeño de un sistema no basta con mejorar el desempeño de cada una de sus partes. Imagine el lector una empresa que fabrica tejas, con una capacidad de producción de 2.000.000 de unidades diarias, y que sólo vende 650.000 diarias, porque no hay capacidad de venta, mientras que la capacidad de producción está sobredimensionada. La solución al problema no es duplicar los resultados de todas las unidades, sino que mejorar la capacidad de venta, y adaptar la capacidad de producción a la de venta, o sea, asignar mejor los recursos y esfuerzos allí donde se necesite, o sea, reprogramar los procesos y reorganizar la empresa.

  No suele ser normal encontrar empresas del sector primario o secundario que reaccionen aumentando todo, o sea aumentando también el problema, pero en empresas del sector terciario, por ejemplo, finanzas o seguros, no es nada extraño encontrar estas ideas.

- **De reputación**
  El riesgo esencial de una empresa en el siglo XXI es la reputación. Los medios de comunicación son ubicuos, están a disposición de cualquier persona o empresa y alcanzan la Tierra entera.

Si antes un problema como el trato inapropiado a un Cliente ocasionaba un Cliente descontento, y que éste se lo dijera a 11 personas, ahora ese mismo Cliente puede decírselo a toda la Tierra y en un breve instante de tiempo. Es de todos conocido el impacto de las redes sociales en el prestigio de las empresas.

La empresa Cabify, líder entre el público hispano en el alquiler de vehículo con conductor o taxis alternativos y competidora de Uber tuvo un problema por crecimiento explosivo. En poco menos de un año multiplicaron sus números de clientes y vehículos en una proporción para la que no estaban preparados. Ello llevó a que sus sistemas fallaran en algunos procesos de forma importante. Hasta que uno de estos fallos le tocó en persona a el CEO de una importante consultora en movilidad. Éste tenía que dar una conferencia en un conocido hotel de la capital de España sobre la revolución que suponían las tecnologías en la banca. A esta conferencia asistían más de dos mil personas. Era un día lluvioso y nuestro protagonista que reservó la noche anterior su Cabify, del que obtuvo la consiguiente confirmación, después de esperar durante más de veinte minutos su coche y sin obtener respuesta alguna de la compañía, decidió coger un taxi al uso, que dada la condición climatológica no fue en absoluto sencillo. Dado el carácter previsor del conferenciante no llegó más que algunos minutos tarde al auditorio plagado de gente. Se pueden imaginar cuales fueron sus palabras hacia Cabify por haberle anulado el servicio sin notificación alguna. Pero en definitiva allí solo había dos mil personas, algunas de las cuales habían tenido problemas similares.

Pero cuando llegó a su oficina unas horas más tarde, había recibido una notificación de la compañía en la que le decía que le habían rescindido el servicio por un problema de su medio de pago. Le exhortaban a que fuera más cuidadoso con sus medios de pago para que ellos no tuvieran que anular los servicios. Claro, esto se lo decían a una de las personas más relevantes del terreno de la transformación digital, con lo que interpeló a quien le contestaba diciendo que la única notificación que él tenía, como usuario del servicio, era una confirmación de que su servicio quedaba reservado, y pidió hablar con un responsable de mayor rango. Después de varias idas y venidas donde se le explicó que el sistema comprobaba el medio de pago unos minutos antes de enviar al coche y que si no era válido simplemente anulaba el servicio. Lo que no decían es que su sistema de comprobar el pago fallaba más que una escopeta de feria, independientemente que estuviera bien la tarjeta de crédito del cliente, y que por ello el sistema se saturaban y eran incapaces de enviar las notificaciones de anulación a los clientes con el motivo, por lo que cientos de clientes cada día se quedaban esperando durante minutos sin saber que hacer mientras su coche no aparecía. Bastaron un par de twitts para que se liara una buena que afectó gravemente a la reputación de Cabify, y entiendo que a sus resultados por ende.

Si hay un problema de Responsabilidad Social, que no trate sólo del medio ambiente, sino de otras cosas como trato justo a los empleados, etc.[22], ese problema, comunicado al mundo entero, puede ocasionar daños cuantiosos e incluso la desaparición de la empresa. Baste recordar el caso famoso de Domino's Pizza en Lima en el año 2015. El periodista Carlos Navea pidió dos pizzas en una de los locales de la franquicia local de la estadounidense Domino's para su familia. Cuando llevaban más de la mitad de una de las pizza se dieron cuenta que entre la salsa de tomate, el peperoni y el queso había una cucaracha muerta. Después, posteó una foto de la cucaracha en la pizza en sus cuentas de Twitter y Facebook, que se volvió viral a los pocos minutos y a su denuncia se empezaron a añadir otros incidentes de otros clientes con sus respectivas fotos. El resultado fue que una cucaracha en Lima provocó que a la seda de la multinacional en Michigan, Estados Unidos, llegara una orden de cierre de todas sus franquicias en Perú.

Es fácil concluir que la reputación nunca fue tan importante para una empresa como en los tiempos de la Transformación Digital.

---

[22] La norma ISO 26000 dice: "La identificación y el compromiso con los interesados son parte del núcleo de la responsabilidad social". Menciona como asuntos esenciales: La gobernanza corporativa, los derechos humanos, las prácticas en el trabajo, el medio ambiente o entorno, las prácticas justas, los problemas con los consumidores y la participación y desarrollo de la comunidad.

- **De medios necesarios**
  Hay que evaluar si se dispone de los medios para emprender el proceso de cambio. Si se tienen, debe lograrse el compromiso de sus responsables, para poder disponer de ellos, y si no, debe definirse la estrategia de adquisición, ya sea temporal, de uso limitado o permanente.

  Dentro de los medios necesarios el talento necesario para una Transformación Digital es de los recursos intangibles más valiosos, guiados por un liderazgo decidido y valiente. El otro recurso importante es la tecnología, que si bien es accesible por todas las empresas de una forma bastante democrática, el saber interpretarla y decidir los momentos adecuados para su implantación, así como su aplicación a los casos de éxito adecuados, es el diferencial que le da la potencia adecuada.

  Finalmente gestionar de forma adecuada los recursos económicos, sabiendo invertir adecuadamente en innovación, es vital para no quedarse corto en el desarrollo de los nuevos procesos digitales, que no son tan económicos como la gente piensa, aunque sus niveles de eficiencia a posteriori lo compense sobradamente.

Benchmark con Empresas y Clientes Líderes

Uno de los errores más comunes de gestión es no conocer cómo está el entorno, tanto en referencia a iguales como a nuevos entrantes afectan a tu negocio. Para saber cuál es la posición actual de la empresa y cuál es la de las empresas líderes, a las que se mira como ejemplo o fuente de inspiración, el Benchmark es una herramienta muy recomendable.

Para que el resultado del benchmark sea útil, se debe fijar claramente cuáles son los aspectos que se quieren conocer y comparar, así como tener en cuenta que en ocasiones, no se puede lograr toda la información que se querría, más que de modo aproximado, por lo que las exigencias del benchmark deben ser prácticas, útiles y proporcionadas.

No solo es interesante compararse con otras empresas, sino que también es muy importante, y se hace muy escasamente, comparar qué tipo de clientes es el que tenemos. Esta tipología, que incluye no solo los parámetros básicos de segmentación, debe incrementarse con indicadores adicionales que revelen emociones, comportamientos, afectos, etc.

- **Balance de la Situación Actual**

  Se trata de conocer cuál es la posición de partida de la empresa, como resumen de las evaluaciones realizadas sobre todos los factores (interno, externo, productivos, logística, tecnología, etc.).

  Este balance permitirá evaluar la probabilidad de lograr alcanzar o sobrepasar a los líderes o empresa ejemplares que se tienen como guía, los costes, los plazos y los riesgos, y así decidir qué camino seguir.

- **Posibilidades de Mejora**
  A partir de la situación actual, su comparación con los líderes y ejemplos (fortalezas y debilidades), las posibilidades de nuevas estrategias de empresa y de la tecnología existente, se resumen las oportunidades de mejorar la empresa o sus procesos, ya sea de modo radical o evolutivo.

  Posteriormente se seleccionan las más interesantes y viables, para meterlas en el Plan de Mejoras. Las restantes deben dejarse para más adelante, ya que nunca se debe descartar o abandonar una posibilidad de mejora por razones tácticas: lo que ahora es imposible, tal vez se pueda abordar en 3 ó 6 meses, tal vez un año.

- **Definición y Valoración de Oportunidades**
  En este apartado nos centramos en la iluminación de las Oportunidades de forma que puedan concretarse por medio de sesiones de creatividad, concretando un primer boceto sobre las áreas en las que se debe centrar la iniciativa.

  Esta fase es una de las fundamentales de esta primera Etapa P, pues es de aquí donde nace la fuente de la transformación. Los equipos multidisciplinares y las personas con capacidades excepcionales deben estar involucrados juntos formando un ecosistema que maximice el binomio creatividad-transformación. En nuestra consultora introducimos en esta fase psicólogos y antropólogos para poder entender en profundidad las relaciones entre nuestros clientes y nuestros productos y servicios.

Definición del Modelo Objetivo

Con las tareas previas somos capaces de conocer el punto de partida, las posibilidades evidentes de mejora, las oportunidades, así como las acciones para afrontarlas, y las oportunidades reales encontradas. En ésta, se debe conseguir un primer nivel de detalle, mostrando el modelo objetivo de los cuatro elementos esenciales de un sistema de negocio. Este modelo debe perfilar cómo será el negocio en sí (definición del propósito, misión, visión, principios y valores) y los cuatro elementos que componen un sistema de negocio:

- Personas, cómo se ven los profesionales de la propia empresa y las personas externas que participarán en el negocio,
- Procesos de la empresa y los subprocesos esenciales,
- Organización o estructura de soporte a las tareas derivadas de los procesos, y
- Tecnología y Sistemas de Información como soporte a todos los procesos de la empresa.

- **Caso de Negocio**
La mejor manera de plasmar en algo concreto los modelos y decisiones tomados hasta este momento es formular un caso de negocio, que

debe mostrar no sólo los objetivos y situaciones deseables desde el punto de vista económico, sino los de los demás elementos.

Además de la información descriptiva y los parámetros habituales financieros y de eficiencia, el propio caso de negocio debe llevar incluido un *Balanced Score Card* (BSC) con varios horizontes temporales, porque es una buena herramienta para materializar el caso y dejar previstas herramientas de control de avance, la brújula del camino). No es fácil, ni basta con copiar el BSC de un competidor o de un líder del sector. Debe construirse en base a un proceso interno de análisis, reflexión y consenso para que sea útil y significativo. Si no, se estará persiguiendo un espejismo.

- **Indicadores de Avance y Logro**

    Los indicadores sirven como síntomas o evidencias de que ocurre algo. Dice el diccionario de la RAE: "Indicar: Mostrar o significar algo con indicios y señales". Esta definición sugiere que los indicadores no sirven sólo para certificar un hecho sino para mostrar indicios, algo mucho más sutil.

    Si la transformación tiene como meta lograr nuevas situaciones, como por ejemplo, mejorar la cifra de negocio, la reputación o la cifra de clientes, se necesita tener indicadores para dos propósitos:
    1) Saber qué está ocurriendo con las acciones y planes en ejecución, es decir, si nos estamos

aproximando a las metas, si se cumplen los hitos, si se logran las submetas y si, finalmente, se alcanzan los objetivos.

2) Reducir la incertidumbre en las acciones y decisiones de gobierno y gestión, es decir, si eran ciertas las hipótesis elegidas o si hay variaciones o amenazas previsibles que puedan exigir actuar en alguna otra dirección.

El mundo de la navegación aérea muestra un buen símil: hay que saber si se está progresando hacia el destino, si hay suficiente combustible, si la aeronave responde adecuadamente, hay que comprobar si se cumple el pronóstico meteorológico y hay que prever posibles contratiempos, como por ejemplo, que un pasajero enferme y obligue a realizar un aterrizaje de emergencia.

El proceso de identificación y construcción del BSC estructurado de la transformación no es ni trivial ni enciclopédico. Debe tener la participación apropiada, sin caer en la asamblea, y llevarse a cabo de modo estructurado (por ejemplo, usando GQM), sin saltos ni trabajo innecesario. El uso de técnicas de *Kaizen* (por ejemplo la técnica de los 5 porqués) es muy recomendable. También lo es la definición de una matriz de cobertura de los elementos a vigilar, frente a los indicadores elegidos, para comprobar si hay realmente control o no.

- **Very Important indicators**
  La mayoría de las empresas miden la eficiencia de sus procesos mediante indicadores de rendimiento, llamados KPI o *Key Performance Indicators*. Como directivos en multinacionales durante muchos años, los autores han constatado que es habitual en las empresas, disponer de cantidades ingentes de indicadores de rendimiento de los procesos. La pura lógica ya nos dice que es imposible que los indicadores clave sean tantos. En una ocasión, en un banco, hablando con el responsables de todas las operaciones nos confesó, orgulloso, que el tenía 554 KPIs para gestionar su unidad. Nos había contratado para mejorar algunos procesos relacionados con la calidad en la entrega de productos y servicios a clientes, que en las evaluaciones externas sacaban las peores evaluaciones de todo el sector. La sorpresa fue mayúscula cuando comprobamos que todos los indicadores estaban en verde.

  Esto, no pasaría de ser una mera anécdota si no fuese porque es algo absolutamente generalizado. La explicación suele ser sencilla: salen en verde porque son con lo que se cobran los variables de la dirección por objetivos. Como la mayoría de tales indicadores suelen salir bien cocinados de hojas de cálculo, es muy fácil torcerle el brazo al indicador de turno para que de rojo brillante pasa a verde placido. Cuando hablamos con directivos de este tema, todos asienten con la cabeza cuando les mostramos su indicadores con valores estupendos y les preguntamos: ¿verdad que aunque estén todos los indicadores bien, tú sabes que esto no va bien, que hay cosas que mejorar de manera urgente?

Es realmente tremendo, pero no por ello menos cierto. ¿Se imaginan ustedes la indicación del altímetro de un avión que cuando nos avisa de que estamos cercanos a tierra y se ponga a pitar como un loco, simplemente lo reseteemos y lo pongamos en la altura de crucero? Esto que parece una barbaridad es habitual que pase en muchos procesos y en algunas empresas. Si no, que lo pregunten a los directivos de Enron.

El hecho de que haya muchos indicadores KPI no ayuda en absoluto a aportar claridad. Por ello, dentro de la metodología PETRA©, hemos definido una serie de indicadores que, o bien son indicadores simples o compuestos por otros KPI, y que hemos convenido en llamar VII (ó VI^2) o *Very Important Indicators*, es decir aquella colección de indicadores que salen automáticamente del sistema, que no son fácilmente modificables, y que si están en rojo, algo va realmente mal.

- **Roadmap Ideal**

Se comienza a perfilar el camino para pasar de la situación actual a la situación objetivo señalada, mostrando los logros, o hitos, que deben cumplirse en el camino. Los hitos deben definirse en términos de resultados medibles y categorizarse esos hitos desde varias dimensiones:

- Importancia: Crítico o indispensable, importante, deseable, etc.
- Factibilidad: Absoluta, razonable, muy difícil, etc.
- Clase de elementos más afectados: Personas, organización, proceso, tecnología, estrategia de empresa, etc.

La importancia, la factibilidad y la clase de elementos más afectados ayudarán a definir mejor los planes de acción para conseguir esos hitos y el éxito de la transformación.

- **Hitos y Objetivos**
  Describen, con el grado de detalle preciso, cuáles son los hitos del *Roadmap* Ideal así como los hitos intermedios, las fechas previstas o límite de cumplimiento y los responsables de su logro. Lo mismo debe conseguirse con los objetivos intermedios.

  Por ejemplo: si un objetivo es duplicar la base de clientes activos, un hito intermedio puede ser terminar la implantación de un proceso para caracterizar los clientes inactivos, detectar cuáles van camino de convertirse en ellos y realizar las actuaciones, por medio de campañas o acciones concretas, para que no se conviertan en inactivos. Esto no es un objetivo, sino un hito necesario para lograr el objetivo.

  Es muy común confundir hitos, que se logran o cumplen, con las tareas o planes para alcanzarlos, que no son hitos. Una buena forma de detectar tal error es apreciar que un hito nunca consume recursos, mientras que las tareas para lograrlos sí.

Los hitos deben estar asociados a logros esenciales de objetivos finales o intermedios de la transformación. Es por lo tanto importante reflexionar antes de fijar estos hitos, en base a la necesidad de control o supervisión de la consecución final de los objetivos.

Además, debe tenerse claro que habrá hitos y objetivos sobre el resultado de la transformación e hitos y objetivos sobre el propio proceso de transformación. Por ejemplo, lograr un equipo de trabajo de la transformación cohesionado y eficaz es un objetivo esencial del proceso de transformación, pero, aunque es esencial para que la transformación llegue a buen término, no es un objetivo de la transformación.

- **Plazos y Presupuesto**

Los plazos deben perfilarse considerando las necesidades concretas que imponen los límites del proyecto de transformación y sus etapas intermedias, la disponibilidad de las capacidades involucradas y otras características que pueden sugerir fechas o plazos tentativos.

Hay mucha polémica entre los defensores a ultranza del cumplimiento de fechas y los que entienden que todas las fechas planeadas son fechas sometidas a cambios. La realidad es que todos tienen parte de razón y todos se equivocan en algo.

La fecha impuesta determina que algo del resultado final debe estar operativo en esa fecha, pero casi nunca hace falta todo. Definir qué partes son esenciales en las fechas impuestas y cuáles admiten cierta flexibilidad es esencial para evitar las habituales contiendas entre gestores, directores y ejecutores. En cualquier caso esta cuestión tiene mucho que ver con la cultura de la civilización que rodea a la empresa y de la propia empresa. Para nada es lo mismo una empresa alemana en Alemania que una empresa alemana en España, por poner un ejemplo claramente ilustrativo.

- **Alcance**

El Alcance se refiere a lo que contiene el proyecto de transformación. El PMBOK define dos clases de alcances en un proyecto o sistema de proyectos:

- Alcance del propio proyecto.
- Alcance de los productos o resultados del proyecto.

Esto es básicamente debido a lo común que es confundir un proyecto (esfuerzo temporal, con un comienzo y un final definido, que se lleva a cabo para crear un producto, servicio o resultado único) y sus productos.

El alcance del proyecto define las capacidades del trabajo necesario para conseguir los productos o resultados buscados, mientras que el alcance de los productos o resultados define las capacidades que deben tener esos productos o resultados para poder cumplir con las expectativas de los clientes. No suele ser raro que el alcance del producto se recorte y redefina para cumplir con los plazos y presupuestos del proyecto asociado.

Detalle de la Etapa 1 (P)

Este libro no pretende mostrar todos los contenidos que serían precisos para desarrollar la metodología, y para lo cual sería necesaria una enciclopedia de decenas de tomos. Sí quiere mostrar las líneas maestras y resaltar las que, a juicio de los autores, son primordiales para tratar de evitar los fracasos.

Como información interesante y necesaria para los detalles técnicos de la iniciativa de transformación, se recomiendan dos libros citados en la bibliografía: BABOK y PMBOK.

FASE 1.1 Definición de participantes en el proyecto
Se trata de asegurar que se cuenta con todos los que se debería y que todos con lo que se cuenta lo saben y están disponibles, comprometidos y organizados de la forma necesaria[23].

---

[23] Para toda la Fase 1.1 es muy recomendable el uso de las técnicas del libro Guía PMBOK, citado en la bibliografía, cuya lectura y consulta frecuente se recomienda encarecidamente, como modelo de consulta o de comprobación.

Esta fase es la habitual cuando se planea una iniciativa compuesta por varios proyectos interrelacionados, por lo que la experiencia previa en la empresa en iniciativas y proyectos debe usarse ya que puede ser determinante para eliminar los posibles defectos en la constitución de los elementos que trabajarán en la iniciativa. La mayoría de las veces se menosprecia el esfuerzo que se le debe aplicar a semejante tarea, lo que suele llevar a problemas serios que luego es necesario corregir introduciendo componentes que faltan desde el principio y que, tal vez, se sientan desvinculados del proyecto de transformación.

Las personas que hayan trabajado en proyectos complejos en las áreas de negocio o en Tecnología pueden usarse como asesores y apoyo en esta fase. Su conocimiento de la realidad de la empresa y su experiencia en este tipo de tareas son muy interesantes, incluso determinantes.

- **Tarea 1.1.1 Definición de la lista de personas directamente implicadas**
  La transformación va a afectar a muchas personas se debe conocer el impacto para comunicar de modo correcto y proporcionado los motivos y las verdades de la transformación. Por tanto se va a precisar de una fuerte cooperación e implicación decidida de parte de ellas. En esta tarea se debe tratar de conseguir la lista detallada y comentada de todas esas personas, como parte de organismos de la empresa o a título personal, por su actitud y aptitud.

Así mismo, la transformación afectará a los Clientes actuales y objetivo, por lo que se deberá comenzar a identificarlos y clasificarlos.

Propósito
Conseguir conocer la audiencia de la iniciativa y los participantes más activos en ella.

Técnicas
- Análisis de la empresa, de puestos de trabajo y de personas concretas de la empresa.
- Clasificación de las personas implicadas por criterios de conocimiento, capacidades, responsabilidades y poder de convicción y de trabajo.
- Entrevistas y cuestionarios
- Técnicas de marketing (especialmente la identificación de Personas, con el significado de perfiles de colectivos afectados.

Interesados
Toda la empresa.

Entradas
Definición o mandato inicial del alcance, propósito y objetivos de la transformación.

Salidas
Documentos, en formato digital fácilmente modificable, con las personas y colectivos identificados. Para cada persona y para cada colectivo, además de los datos de contacto y posición en la estructura, debe recogerse, como mínimo:

- Participación en el proceso de transformación.
- Grupos y clasificaciones a los que pertenece.
- Capacidades que tienen.
- Dedicación y compromiso requerido.
- Actitud ante el proyecto.
- Enlaces a las notas de entrevistas y documentos relativos a ellos.
- Comentarios significativos adicionales.

Trampas

- No hay concreción o se definen participaciones genéricas, sujetas a interpretaciones muy diferentes, que no definen responsabilidad alguna.
- Grupos multitudinarios que degeneran en asambleas vacías de verdadero contenido.
- Pensar que el cargo da la actitud y la aptitud.
- No lograr compromisos reales.
- Para las personas afectadas, que no participan como fuerza en la iniciativa, sino como implicados, no pensar ni escribir sus deseos, expectativas, tensiones y actitud (beligerante a favor, positiva, neutral, opuesta, beligerante en contra).

Recomendaciones

Pensar en todo el ecosistema afectado por la transformación

- Clientes.
- Proveedores.
- Personas de la empresa.
- Sociedad civil.

- Organismos legislativos y de control de la actividad comercial.
- Redes sociales.
- Medios de comunicación.

- **Tarea 1.1.2 Lograr la lista estructurada de personas participantes**
  Se trata de conseguir definir todos los mecanismos de dirección, gestión, control y producción (p.e. analistas, entrevistadores, técnicos comerciales y de tecnología, etc.) necesarios para la iniciativa

Propósito
La transformación exige un conjunto de proyectos muy interrelacionados, que se deben realizar y dirigir, uno a uno y entre sí, para asegurar su consistencia y utilidad conjunta.

En esta tarea se definen todos los artefactos necesarios (p.e. grupos de trabajo, comités, grupos de control, etc.), comprobar que hay medios para que funcionen apropiadamente, dotarlos con las personas necesarias y asegurar que esas personas están realmente comprometidas y disponibles para la iniciativa.

Técnicas
Las habituales para la dirección y gestión de proyectos en sus fases iniciales.

Interesados
Estructura de dirección de la iniciativa, típicamente quien recibe el mandato de constituir el equipo de

trabajo para la transformación y todos sus participantes. Palabras clave aquí son responsables de los comités de dirección y de seguimiento.

Entradas

- Definición o mandato inicial del alcance, propósito y objetivos de la transformación.
- Salidas de la tarea 1.1

Salidas

- Acta de constitución del proyecto.
- Plan de dirección de la iniciativa, que incluye las decisiones que afectan más de un proyecto o la iniciativa completa, resolución de conflictos, control de avance y de cumplimiento de hitos y elementos de control, control integrado de cambios.
- Plan de gestión de la iniciativa, que incluye la monitorización, decisiones internas de un proyecto, resolución de conflictos dentro de un proyecto, control de avance y de cumplimiento de hitos y elementos de control de un proyecto, control de cambios internos a un proyecto.
- Definición de proyectos de la iniciativa.
- Mecanismos de integración de los proyectos de la iniciativa, sobre todo los de evaluación de requisitos y cambios sobre elementos de interfaz, plazos y requisitos de unos proyectos con otros.
- Formulación del alcance inicial de la iniciativa, políticas, directrices y

restricciones iniciales recibidas con el mandato inicial.
- Gestión del alcance, gestión de los plazos, gestión del riesgo, gestión de la calidad y gestión de los costes y presupuestos.

Trampas

Suele aligerarse mucho esta tarea para entrar rápidamente a al *core* del proyecto, sin embargo, en estas tareas iniciales se baraja gran parte de la probabilidad de éxito de la iniciativa. Si no se emplean el tiempo y los recursos necesarios, los aspectos no definidos aparecerán como inconsistencias, trabajos repetidos, áreas sin cubrir y responsabilidades en conflicto o no asignadas a nadie, a veces, demasiado tarde para corregirse.

Recomendaciones

Elaborar documentos digitales, fácilmente modificables, para plasmar todos los artefactos de la iniciativa y comprobar, por medio de *checklists* o de comprobación con la bibliografía mencionada, que se han tomado las medidas necesarias para la dirección, la gestión y la ejecución eficaz y eficiente de la iniciativa.

- **Tarea 1.1.3 Definir composición y modo de funcionamiento de los grupos de trabajo**

    Una vez definidos los artefactos de dirección y gestión, hay que hacer lo mismo con los grupos de trabajo. En realidad ya se habrán bosquejado algunas ideas sobre los grupos de trabajo necesarios, en la tarea 1.1.2, pero hay que comprobar que no faltan grupos y que están definidos, con tareas, responsabilidades, responsables, recursos y objetivos asignados.

Corresponde a la definición de grupos de trabajo a los que se asignará la descomposición del alcance (*Object Breakdown Structure* de la iniciativa o, según la terminología de PMBOK en español, EDT de la iniciativa) y la responsabilidad de trabajos en la iniciativa

Propósito
Asegurar la eficacia y eficiencia de los trabajos que se realicen para la transformación (p.e. análisis de la situación actual, evaluación de las competencias necesarias, clima emocional, carteras de Clientes, etc.).

Interesados
Todos los participantes en las tareas operativas y de gestión de la iniciativa.

Entradas
Mandato inicial y resultados de las tareas 1.1.1 y 1.1.2

Salidas
- Actas de constitución de los grupos de trabajo.
- Parte asignada de la iniciativa para el grupo de trabajo: alcance y responsabilidades.
- Personas asignadas y su participación.
- Estimación de dedicación, presupuesto y plazos.
- Mecanismos de reporte de avances, cambios y conflictos.

Trampas

Las habituales en los proyectos empresariales, tales como el optimismo desaforado, posibilismo, confundir deseos con cosas factibles, asignar valores arbitrarios cuando no se conocen. Si esto no se define bien, esos valores arbitrarios, escritos en un documento, se convierten en casi leyes inamovibles y comprometen gravemente el éxito.

Suele ser frecuente que quien es útil para definir el futuro es indispensable para las actividades presentes, con lo que hay conflictos de calendarios, a veces difíciles de resolver. También es frecuente caer en la tentación de derivar el trabajo de creación del futuro a un colaborador de la persona de mayor nivel, que sigue dedicándose a las tareas actuales. Es un error tan común como importante, que debe evitarse de cualquier forma.

Recomendaciones

Entender que debe dedicarse a la transformación todo el esfuerzo necesario de las personas asignadas, a pesar de que otras responsabilidades interfieran con esa dedicación. Las "delegaciones por no poder asistir" deben gestionarse como amenazas graves y solucionarse de dos posibles maneras: si la persona en quien se delega habitualmente tiene la capacidad y actitud necesarios, sugerir que sustituya a quien no puede asistir, con el compromiso de mantenerle informado y comprobando que esa información se produce, preguntando regularmente a la persona ausente que ha sido sustituida, para evitar problemas de protocolo y de ocultación de información. Si, por el contrario, el sustituto no dispone de las capacidades suficientes o bien no tiene la actitud necesaria, debe presentarse el conflicto y lograr que se nombre a una nueva persona para el puesto.

Ser riguroso y plantear los escenarios esperados (optimista, esperable y pesimista), escribirlos en los documentos de suposiciones y presupuestos, y estar preparados para entender que la realidad suele ser más dura que los supuestos. Hay que prever mecanismos de cambio de dedicaciones, recursos asignados y otros elementos.

- **Tarea 1.1.4 Definición y acuerdo de los calendarios iniciales**
  Se deben lograr encajar los plazos deseados o fijados con la disponibilidad de personas y de todos los medios implicados. Típicamente suelen existir problemas con los otros medios necesarios para establecer reuniones de trabajo, seguimiento o dirección.

Propósito
Conseguir la dedicación necesaria a la iniciativa sin comprometer las necesidades de los trabajos en curso de la empresa.

Interesados
Todos los participantes en la dirección, gestión y trabajos de la iniciativa.

Entradas
Resultados de las tareas anteriores de 1.1.1 a 1.1.3.

Salidas
Calendarios comprobados, consistentes y conocidos por los interesados.

Trampas
Suelen estar relacionadas con las malas estimaciones de lo posible y la falta de inclusión de la gestión de contingencias. Habitualmente, se planifica pensando semana tiene 7 días, el mes 31 días y el año 12 meses. Debe contarse con las cifras habituales en la empresa, prever que hay que dedicar trabajo a actividades del día a día, y que las vacaciones y ausencias imprevistas son crudas realidades.

Otro de los problemas habituales es no dividir las tareas en actividades suficientemente pequeñas como para entender que no nos dejemos nada y que no saldrán imprevistos. Al hacer esto, nos daremos cuenta de si el sumatorio es consistente o no.

Recomendaciones
Ser realista y dejar algún espacio en blanco para reajustar calendarios. Si la iniciativa se formula sin holgura alguna y con muchas actividades en el camino crítico, están asegurador problemas y gravemente comprometido el éxito.

- **Tarea 1.1.5 Planificación y ejecución del lanzamiento de la iniciativa**
  La comunicación de la iniciativa y sus parámetros esenciales (alcance, objetivos, trabajos a realizar, personas implicadas, etc.) es fundamental para

que se comience la energía adecuada y se cree un ambiente positivo para la iniciativa.

La ausencia de la información adecuada sobre un proceso, suele generar muchas cuestiones e inquietudes en las personas, sobre todo a la vista de algunas transformaciones de alto impacto realizadas en sectores completos de producción y servicios. Es crucial que se comunique de modo sincero, y se esté preparado para responder a posibles preguntas o incluso reacciones, ya sean éstas positivas o negativas.

El lanzamiento no es un nunca un mero trámite como en muchas ocasiones sucede, sino que es el momento de preparar a la empresa y a los interesados para que la transformación tenga éxito y sea beneficiosa y ética.

Propósito

Transmitir la información relevante para cada interesado, participante activo sólo afectado, de modo que se genere clima y expectativas positivas y de cooperación.

Técnicas

- Plan de comunicación: Analizar quiénes son los receptores de información, qué mensajes se les quiere transmitir, con qué medios y qué mecanismos se prevén para el refuerzo, recepción de retroalimentación y mantenimiento del clima positivo para la iniciativa.

- Material divulgativo: Utilización de la capacidad de socialización de contenidos que permiten las plataformas tecnológicas actuales.
- Planificación: Materializar cómo se va a realizar esa comunicación, con plazos, recursos y responsables.

Interesados

Todos los participantes, implicados e interesados.

Entradas

Salidas de las tareas 1.1.1 a 1.1.4

Salidas

Plan de comunicación, teniendo en cuenta las distintas audiencias y mensajes a cada clase.

Trampas
- Persuadir más que influir.
- Esconder, disfrazar o manipular la verdad.
- Pensar que el silencio es beneficioso.
- Dejar esta tarea planificada justo antes que de la fecha del lanzamiento.

Recomendaciones
- Sinceridad, tener en cuenta el impacto de la transformación sobre personas e interesados que pueden ver su trabajo amenazado y prever cómo resolver los problemas posibles.
- Organizar mecanismos de retroalimentación (encuestas anónimas, medición de accesos a webs, etc.) para medir el resultado de la comunicación.

FASE 1.2 Definición del punto de partida

Para fijar el rumbo no basta con saber adónde se quiere llegar, sino que también hay que conocer dónde se está, es decir el estado actual del arte o situación de partida.

Por ello, hay que conocer y levantar por escrito la situación de partida de la empresa porque, aunque parezca increíble, la visión que tienen de la realidad de la empresa dos departamentos que están sólo separados por un tabique, puede ser muy diferente.

Esta fase debe conseguir hacer un diagnóstico objetivo de la situación inicial, para poder ponerlo en común con todos los interesados y lograr el acuerdo sobre *dónde y cómo estamos* antes de tratar de acordar *a dónde queremos llegar*.

- **Tarea 1.2.1 Levantamiento y estudio del modelo actual de negocio**
  Es muy común entre los directivos de las empresas que no conozcan el modelo real de negocio involucrado y mucho menos los procesos necesarios para desarrollarlo y llevarlo a cabo. Por ello, esta tarea es fundamental, ya que aporta conocimiento básico para la reflexión posterior.

Propósito

Plasmar en un modelo, sencillo de comprender por todos los participantes, el funcionamiento del negocio, dese el punto de vista de sus grandes actores y bloques (Clientes, Proveedores, Productos y Servicios, Canales, etc.). En esta orientación ya tendríamos que empezar a balancear la visión hacia el Cliente y no hacia nuestras preocupaciones como miembros de una empresa que le aporta a éste un producto o un servicio.

Técnicas
- *Business Model Canvas*
- Análisis de procesos
    - Estudio de circuitos y documentos existentes sobre procesos.
    - Estudio de indicadores, especialmente los *Very Important Indicators* o VII.
    - Estudio de la organización
- *Express Brainstorming Sessions*
- *Creative Drawing Processes*

Interesados
Responsables o representantes, capacitados para ello, de las unidades comerciales, de Capital Humano y de Tecnología.

Entradas
- Manuales administrativos, operativos y comerciales de alto nivel, que describen la estrategia, las políticas, las reglas y las restricciones del negocio.
- Informes de gestión de actividad.
- Análisis de casos de uso.
- Resultados de entrevistas con Clientes actuales, personas que atienden a los Clientes, así como controladores del negocio.

Salidas
- *Business Model Canvas* (gráficos y textos descriptivos). El modelo gráfico solo no es suficiente.
- Identificación de cuellos de botellas de tiempos o recursos.
- Informe *SWOT* (Puntos Fuertes / Débiles / Amenazas / Oportunidades).
- Casos de uso seleccionados para explicar el funcionamiento actual.

Trampas
- Demasiado detalle o muy poco detalle. Hay que comprender que el objetivo de esta tarea es mostrar un modelo de la realidad existente. Un modelo es una representación simplificada de la realidad o del concepto imaginado, para mejorar su comprensión y análisis, luego, el detalle debe ser el apropiado y necesario para el estudio.
- Falta de sinceridad para reconocer la situación real. Se disfraza con mensajes grandilocuentes o se confunde la realidad con lo que dicen los manuales.
- No reconocimiento de que la mayoría de directivos no conocen suficientemente bien los procesos bajo su responsabilidad. Deben aprovechar esta etapa para comprenderlos y hacerlos suyos o empezar a generar un espacio de crítica constructiva.

Recomendaciones
- Analizar los documentos de alto nivel existentes (estrategia, políticas, directrices) y los de nivel

necesario para poder estudiar los casos de uso seleccionados.
- Quitar estrés por la falta de conocimiento y comunicarlo como una posibilidad de mejorar el conocimiento actual.

- **Tarea 1.2.2 Estudio de medios actuales**
Esta es una tarea que podría consumir entre 10 y 20 por ciento del tiempo y los recursos necesarios para la transformación. Dado que conseguir toda la información necesaria puede ser complicado, es necesario trabajar por partes, para poder avanzar la tarea, aunque no se podrá concluir sin elaborar un estudio integral que muestre, o dé indicios para verlo y estudiarlo en la fase 1.4, el equilibrio o problemas existentes en la empresa.

Dado que se tratar de una transformación Humana y Digital, debe prestarse especial atención al estudio de las Personas y a la situación de la empresa frente a las tendencias actuales de digitalización intensiva.

Incluso una empresa que aparentemente vende sólo productos físicos, no servicios relacionados con la información, debe tener en cuenta que actualmente hay una inseparable hibridación entre lo físico y lo real. Tan solo hay que prestar a tención a aplicaciones como TripAdvisor, donde hay mucha más gente que presta más atención y valora más compartir la experiencia de una cena en un restaurante que la propia comida.

Por ello, es crucial comprender qué significa, en el siglo XXI, un acto como disfrutar de una experiencia en un restaurante y qué carga de consumo de información y tecnología asociada a la experiencia conlleva.

Se deben listar todos los activos en manos de la empresa para poder llevar a cabo el negocio con éxito. Esos activos son:

- Personas.
- Procesos.
- Organización.
- Tecnología.
- Propiedad Intelectual y Talento.
- Activos financieros.
- Medios tangibles.
- Información y relaciones.

Propósito

Conocer qué medios posee actualmente la empresa para poder efectuar las actividades necesarias para el negocio.

Mostrar oportunidades de mejora, disfunciones y grado de equilibrio entre los elementos disponibles.

Técnicas

Las utilizadas habitualmente en análisis de empresas:

- Estudios de clima laboral y emocional.
- Estudio de procesos.
- Estudio del parque de sistemas de información.
- Estudio económico de la empresa.

Interesados
- Responsables de todos los medios existentes considerados.
- Responsables del control de gestión y del control gerencial de la empresa.

Entradas
- Catálogos de medios.
- Informes previos relevantes sobre las áreas estudiadas.
- Manuales de procesos.
- Arquitectura de empresa.
- Arquitectura de sistemas de información y de tecnología.

Subtareas

1.2.2.1 Estudio de las personas de la empresa.

1.2.2.2 Estudio de los procesos esenciales.

1.2.2.3 Estudio de la Organización de la empresa.

1.2.2.4 Estudio de la Tecnología y de la Información los Sistemas de Información existentes.

1.2.2.5 Estudio de los medios restantes (financieros, materiales, propiedad intelectual y relaciones).

Estas tareas son habituales en los procesos clásicos de cambio o mejora habituales en las organizaciones y nos remitimos a la bibliografía especializada para su realización.

Salidas

Informes resumen de cada área estudiada, con textos descriptivos, modelos gráficos y enlaces a la información empleada para el estudio.

Trampas
- Pensar que no hay que emplear esfuerzo en transformar la realidad existente, sino que sólo hay que pensar en la situación futura que se desea.
- No entender los equilibrios de poder o motivaciones que impiden el cambio transformacional.
- Boicots o indiferencia de las áreas estudiadas: no envían información, no participan en las reuniones o falsean o mutilan información, etc.

Recomendaciones
- Pedir información cuantitativa escrita, obtenida de los sistemas de información existentes, para tratar de contrastar que la información que se recibe, verbalmente o escrita ad hoc, es correcta y puede demostrarse.
- Comprobar si coinciden datos análogos proporcionados por varios interlocutores.
- Prever retrasos y ausencia de información, que habrá que perseguir con insistencia. Si una

información relevante no existe, escríbase esa ausencia: es muy relevante que no exista.

- **Tarea 1.2.3 Estudio de las capacidades existentes para la transformación**

  No es igual transformar una empresa pequeña, con historia de pocos años, y por lo tanto con poca inercia organizativa y poca oportunidad de haber creado visiones internas muy contrapuestas, que una empresa con muchos años, medios numerosos, organización compleja y muchos intereses contrapuestos entre las personas que tienen el poder y la capacidad de decisión.

  Tampoco es igual una empresa con talento, habilidades y cultura empresarial para poder cambiar que una empresa que no tiene esas características.

  Por ello, es importante analizar qué elementos (intelectuales, técnicos y materiales) para el cambio ya existen, y se pueden usar en la transformación, y cuáles faltan o será necesario adquirir o desarrollar.

Propósito

Muchas iniciativas de transformación o de cambio han fracasado de modo sonado, o silenciosamente, por no tener en cuenta que los procesos de transformación de dos empresas distintas presentan similitudes, pero siempre tienen diferencias de calado.

También han fracasado al pensar que se pueden sobrecargar los mejores elementos de la organización, añadiendo a sus tareas habituales las derivadas del proceso de transformación. Esto exige esfuerzo y dedicación, así como mucha generosidad por parte de todos. Además hay tareas, como la concienciación, la capacitación y lograr el compromiso de las personas, que deben trabajarse para conseguir que en el momento de inicio la organización esté preparada para recorrer el camino de cambio o que estén previstas las acciones, planes y recursos necesarios para que esa preparación se efectúe en el momento apropiado.

Técnicas
- Evaluación del modelo de madurez y de la situación de los recursos disponibles.
- Estimación y planificación de las tareas necesarias para asegurar que se disponen las capacidades necesarias.

Interesados
Personas que dirigen y gestionan la transformación.

Entradas
Resultados de las tareas previas.

Salidas
- Evaluación del estado de madurez.
- Lista de acciones a ejecutar para llevar la organización al modelo necesario para la Transformación.

Trampas
- Sobre todo la autocomplacencia o la falta de coraje para reconocer que faltan muchas cosas

para poder empezar una transformación con alta probabilidad de éxito.
- Pensar que, sobre la marcha, sin acciones concretas, se irá alcanzando la madurez necesaria.

Recomendaciones
- Sinceridad y valentía para describir la situación real.
- Definir y estimar con sinceridad y profesionalidad las acciones para mejorar la situación de partida.

FASE 1.3 Caracterización de Clientes actuales y objetivo
Una vez analizada la situación de partida, se comienza a pensar en la situación futura, empezando a estudiar los elementos esenciales: los Clientes actuales y los objetivo, a partir de los actuales y de la idea inicial de cómo se harán negocios en la situación futura.

No es extraño que muchas iniciativas digan que los Clientes objetivo son el mundo entero, ya que la tecnología existente ha eliminado las barreas que lo impedían pero, normalmente, es deseable fijar características de colectivos que se querría alcanzar para convertir en nuestros Clientes objetivo.

La caracterización va más allá de los criterios habituales de renta, edad, nivel de estudios, zona del domicilio, porque ya no se busca sólo marketing genérico, sino además, marketing específico, aprovechando la gran cantidad de información pública existente por la actividad de las personas en los medios sociales. La capacidad de influencia, de exposición a las redes sociales o de generación de contenidos de valor puede sugerir criterios importantes para caracterizar nuestros Clientes objetivo.

Por poner un ejemplo sencillo pero que ilustra muy bien el cambio de paradigma podríamos analizar el mundo editorial. Una de las colas más largas que uno puede observar en la Feria del Libro de Madrid corresponde a la firma de los libros de El Rubius, un joven Youtuber con millones de seguidores. El criterio de muchos editores ha dejado de ser la calidad del contenido editorial para convertirse en la capacidad de influencia del autor en las redes sociales. Si usted tiene varios millones de seguidores en Instagram, encontrará seguro alguna editorial que esté dispuesta a ofrecerle la posibilidad de hacer un libro sobre alguna cosa que usted pretenda dominar.

En esta etapa se comienzan a perfilar las clases, que se detallarán en la etapa 2, por lo que los resultados de estas tareas no son exhaustivos, sino que servirán para orientar los trabajos iniciales de la etapa 2.

- **Tarea 1.3.1 Identificación y comportamiento**
  Se trata de una primera lista de los Clientes que se querría tener tras la Transformación, comparada con la situación actual. Esa comparación puede ser muy útil para definir los cambios importantes que percibirán los Clientes, con el nuevo modelo de empresa.

Propósito
Proporcionar ideas iniciales para la etapa 2. Adelantar este trabajo puede ayudar a decidir antes la viabilidad del cambio y perfilar las acciones necesarias para la transformación

Interesados
Responsables de Marketing y Comerciales

Responsables de Innovación

Responsables de Productos

Entradas
Resultados de las tareas anteriores

Salidas
Descripción breve de los tipos actuales de Clientes y de los tipos deseables, tras la transformación, de modo que pueda orientar la etapa 2.

Recomendaciones
Tratar de huir de las declaraciones exageradas: "todo el mundo, todos los segmentos, los líderes del mercado, etc." a no ser que realmente se esté dispuesto a hacer luego lo necesario para lograrlo.

- **Tarea 1.3.2 Volumetría**
  Trata de conseguir cifras reales de la situación actual y factibles, ya que debe haber un compromiso inicial de afrontar los retos necesarios para lograr la situación deseable, que permitan dimensionar grandes rangos de

esfuerzos, recursos económicos, capacidad tecnológica y sistemas de información necesarios

Propósito

Que las personas con capacidad de decisión al mayor nivel vayan cercando la dimensión de la transformación y que los expertos en definir cómo hacerlo puedan pensar en familias y rangos de dimensiones para las soluciones y los recursos necesarios.

Técnicas
- Recogida de información existente.
- Entrevistas con directivos del negocio y responsables de conseguir recursos para poder servir los volúmenes definidos (expertos en organización, capital humano, análisis de procesos y tecnología).

Interesados

Directivos del negocio y expertos en la dirección y gestión de los recursos necesarios para el mismo.

Entradas
- Información recogida en el estudio de la situación inicial.
- Entrevistas y grupos de trabajo (p.e. Delphi, *Brainstorming* o Grupos de Interés)
- Estudio de las métricas existentes sobre Clientes.

Salidas

Hojas de cálculo y textos descriptivos de los significados de los datos manejados, criterios de caracterización e hipótesis de estimación de los volúmenes, con su grado de confianza. Una hoja de cálculo sin descriptivo es la herramienta más peligrosa para una empresa, cuando circula entre varias personas que no tienen la misma interpretación de los datos.

FASE 1.4 Estudio de Problemas y Barreras para la Transformación

- **Tarea 1.4.1 Identificación de Problemas y Barreras**
  Si una empresa lleva un tiempo en el negocio seguramente hay problemas en su funcionamiento, seguro que alguien los conoce y seguro que alguien puede ser capaz de entender los problemas que surgirán adicionalmente con la transformación. La dificultad está en lograr llegar al conocimiento, general así como detallado, para poder comprender el problema y cómo encontrar las causas y las posibles soluciones.

  Así mismo, no suelen abundar personas expertas en el seguimiento y resolución de problemas, y menos, que no caigan en la tentación de confundir el problema con sus causas y que no se sientan tentados de proponer una solución sin haber pasado por los pasos necesarios para ello:

- Expresión correcta y objetiva del problema, sin asumir la solución en la expresión del problema y con el grado de generalidad y concreción necesario.
- Comprensión común y compartida del problema por todos los participantes en su análisis.
- Análisis de posibles causas raíz, por medio de herramientas apropiadas.
- Análisis de posibles soluciones.
- Selección de solución más acertada.
- Prueba de la solución y su impacto sobre el problema.
- Ampliación del uso de la solución correcta a todo el ámbito necesario.

Como es lógico, no se encontrarán todos los problemas en este momento: a medida que se avanza en la iniciativa, se descubrirán nuevos problemas, unos ya existentes y ocultos, y otros que se podrán generar por las decisiones tomadas a lo largo de la iniciativa. En este punto se trata de que afloren los ya conocidos y los más evidentes para el futuro.

Propósito

Anticipar lo más posible la identificación de problemas existentes y que pueden comprometer la transformación, para evitar su propagación a etapas más tardías de la transformación.

Técnicas
- Grupos de análisis de problemas.

- *Brainstorming.*
- Entrevistas y comprobación de los resultados de las entrevistas.
- Metodologías de Gestión de Problemas.

Interesados
- Responsables de las áreas del negocio y de las áreas de recursos.
- Expertos en análisis de problemas.

Entradas
- Problemas expresados en el estudio de la situación inicial.
- Conocimiento de los asesores que hayan participado en iniciativas similares en otras empresas, si los hay.

Salidas
Catálogo de problemas, clasificados por su naturaleza y por su impacto (A, B, C según Pareto)

Trampas
- No dominar las disciplinas de resolución de problemas y degenerar la tarea en una batalla campal entre personas que tratan de colocar los problemas y la culpa de los problemas en el terreno de otros.
- Falta de sinceridad[24].

---

[24] Un alto directivo de una compañía decía: "Mi organización, con un coste de 100 MM€ anuales, no tiene ningún problema. Sólo algunos retos". La realidad era muy parecida a la predicción de Lord Kelvin sobre el futuro de la Física.

Recomendaciones

- La tarea no debe degenerar en tratar de encontrar la solución más ingeniosa y rápida, ya que no suele ser la mejor.
- En esta tarea sólo hay que expresar los problemas. Las tareas 1.4.2 y 1.4.3 continúan con los problemas encontrados.

- **Tarea 1.4.2 Estudio de Causas Raíz de los Problemas y Barreras**
  Se separa esta tarea de la anterior para evitar la tentación mencionada de expresar causas y soluciones antes de conocer el problema. La experiencia de los autores muestra que es muy interesante separar las etapas para no tomar atajos demasiado pronto.

Propósito

Exponer las posibles causas raíz, por medio de técnicas como el análisis causa-efecto, y proponer el resultado obtenido a la etapa siguiente.

Técnicas

Las habituales en el estudio de problemas y en los procesos de mejora:

- Espina de Ishikawa
- Los 5 porqués o análisis de las 5 fuerzas.
- Diagramas de afinidad.

Interesados

- Responsables de las áreas del negocio y de las áreas de recursos

- Expertos en análisis de problemas

Entradas
Resultados de la tarea 1.4.1

Salidas
Problemas, con la definición exacta y la determinación de las causas raíz, clasificados por los criterios:
- Clase de problema.
- Clase de causa raíz.

Trampas
Saltar los pasos del trabajo, habitualmente ir más deprisa de la cuenta.

Recomendaciones
Dedicarse inicialmente a la parte A de problemas, los que mayor impacto tienen. Los diagramas de afinidad son muy útiles para clasificar y estructurar información aparentemente inconexa.

- **Tarea 1.4.3 Posibles soluciones**
    Se toman los problemas encontrados en la etapa anterior y se trata de encontrar las soluciones más eficaces que eliminen lo máximo posible las causas raíz y más eficientes, organizadas de modo que su implantación pueda efectuarse ocasionando los mejores, costes y plazos y el menor impacto sobre la operativa existente.

Propósito
Mostrar cómo resolver los problemas encontrados.

Técnicas
- Diagramas de afinidad.
- Estudio causa-efecto.
- Estimación.
- Definición y planificación de proyectos.

Interesados
- Responsables de las áreas del negocio y de las áreas de recursos.
- Expertos en análisis de problemas.

Entradas
Resultados de la tarea 1.4.2.

Salidas
Definición de soluciones propuestas, su posible impacto positivo (eliminación de problemas) y negativo (costes, retrasos).

Recomendaciones
En las soluciones propuestas se debe tener muy en cuenta el impacto emocional en la organización y en las personas.

FASE 1.5 Benchmark con Empresas y Clientes Líderes
Un benchmark trata de conocer cómo está una empresa al compararse con un grupo de empresas del mismo sector, de similar estrategia o elegidas por alguna otra razón, con respecto a una serie de criterios que se determinan como campo de estudio.

Por ejemplo, puede hacerse un benchmark para conocer el estado de una empresa concreta en cuanto a indicadores de negocio, como número de Clientes, volumen de ventas, beneficio neto, notoriedad, estructura de empresa y arquitectura de los sistemas de información, y compararse con competidores o con empresas líderes que se quieren tomar como ejemplo.

Igualmente, hay que tener en cuenta que los Clientes forman parte de la cadena de valor de la empresa, igual que los proveedores, y pueden tener características o medios que interese aprovechar o adoptar.

- **Tarea 1.5.1 Comparación y análisis con la situación actual**

  Por medio del análisis de información se plasman las características de cada uno de los organismos en comparación, mostrando valores relevantes para cada una de ellas, de modo que pueda entenderse claramente quiénes están mejor o peor situados con respecto a ese criterio.

  Por ejemplo, un criterio podría ser el porcentaje de operaciones que el Cliente puede resolver él mismo en la web de la empresa, en tiempo real, y otro, el porcentaje de pedidos atendidos a la primera, con tiempo de entrega inferior o igual al pactado.

Propósito

Lograr indicios, evidencias y correlaciones que puedan orientar a decidir en qué consistirá la transformación y cómo realizarla. Conocer las fortalezas y debilidades propias y de las demás empresas, para aprovechar ese conocimiento, así como entender cuales son las verdaderas ventajas competitivas de los líderes.

Técnicas
- Benchmarking.
- Análisis de información.
- Delphi.

Interesados
- Responsables del negocio.
- Responsables de las áreas de recursos.

Entradas
- Resultado del estudio de la situación inicial.
- Información de gestión, comercial, financiera y tecnológica propia y de las otras empresas.

Salidas
- Análisis comparativo.
- Diferencias resultantes.
- Recomendaciones para enfocar la transformación.

Trampas
- Tratar de conseguir demasiados criterios, imposibles de lograr.
- Perder la visión del conjunto en pos de una visión de detalle.

- Proponer criterios de comparación inútiles, a pesar de que suenen bien.

Recomendaciones

Hay datos que algunas empresas no publican. Si no se pueden lograr, no debe caerse en la tentación de tratar de adivinarlos. Si se tienen evidencias pueden usarse valores groseros (como Alto, Medio, Bajo o <25%, <50%, <75%, Resto), pero nunca inventados.

Los criterios de comparación deben poder resistir la prueba de preguntar: ¿Cómo puede ayudarme en mis decisiones para la transformación y conocer el estado de este criterio en las demás empresas? Si no se puede contestar a la pregunta, tal vez el criterio sea irrelevante.

Es imprescindible dejar enlaces al origen o fuente de la información empleada, para poder comprobar su veracidad.

- **Tarea 1.5.2 Formulación del Catálogo de Mejoras Potenciales**

  En este momento, ya se deberían tener ideas generales, aunque poco detalladas, de qué podría hacerse para transformar la empresa. A partir del estudio de la situación actual, del *benchmark* de la situación inicial, de los resultados de las entrevistas con directivos, a partir de las cuales se crea la iniciativa, debería poder perfilarse un boceto de los grupos de medidas que podrían servir para transformar la empresa.

Propósito

Comenzar a orientar la transformación, señalando el alcance de las clases de mejoras que podrían abordarse e indicando, si las hay, las restricciones y políticas que se deben respetar.

Técnicas

- *Brainstorming.*
- Entrevistas.
- Escenarios y casos de uso.
- Modelación de datos y procesos.
- Análisis de documentos.
- Métricas e indicadores esenciales.
- Reuniones para obtención de requisitos.
- Análisis de documentación.

Interesados

Directivos de negocio y de áreas de recursos.

Entradas

Resultados de todas las etapas anteriores, sintetizados por el equipo de proyecto para cada trabajo.

Subtareas

 1.5.2.1 Definición de posibles medidas sobre el modelo de negocio.

 1.5.2.2 Definición de posibles medidas sobre procesos y arquitectura de empresa.

 1.5.2.3 Definición de posibles medidas sobre la estructura.

1.5.2.4 Definición de posibles medidas sobre las personas de la organización.

1.5.2.5 Definición de posibles medidas sobre los sistemas de información y su tecnología de soporte.

Salidas
Lista razonada y explicada (no basta con una línea de descripción para cada una) de cada clase de medidas.

Trampas
- Ausencia de participantes que no están fijados por el protocolo del proyecto.
- Participantes fijados por el protocolo del proyecto que puedan bloquear o entorpecer el trabajo.
- Reuniones multitudinarias e interminables.

Recomendaciones
Es crucial que participen en reuniones planificadas y con reglas para fomentar su eficacia y eficiencia las personas con el conocimiento y capacidad necesarios.

A lo largo de las etapas anteriores se debería haber logrado, como subproducto, añadir comentarios sobre la idoneidad de personas concretas para los trabajos asignados, ya sea por su actitud, por su aptitud o por ambas. Esa información debe registrase, de modo estrictamente confidencial, en el registro de participantes y usarse a medida que se conoce, para centrar los participantes y lograr mejorar la eficacia y eficiencia del proyecto.

- **Tarea 1.5.3 Formulación del *Roadmap* Ideal Inicial**

    El *roadmap* describe, de modo gráfico y a alto nivel, los hitos, productos intermedios (entregables), los objetivos de la iniciativa, sus riesgos y posibles dependencias, sobre una escala temporal. Debe estar plasmado en 1 ó 2 hojas gráficas y el texto descriptivo que haga falta para que el modelo sea comprendido del mismo modo por todos los participantes.

Propósito
Herramienta de comunicación de alto nivel, con los responsables de la supervisión de la iniciativa (clientes internos, directivos, etc.) del *flavor* que tiene la transformación y los hechos que se deben cumplir para asegurar su éxito.

Técnicas
Análisis y modelación gráfica del proceso de transformación.

Interesados
Todos los participantes en la iniciativa.

Entradas
Toda la documentación de las etapas anteriores, sintetizada por el equipo de análisis.

Salidas
Documento con los gráficos, sus descripciones, supuestos y riesgos, de la situación ideal de la transformación, con el conocimiento que se tiene hasta ese momento. Probablemente haya que introducir

cambios o afinar elementos del *roadmap* en etapas posteriores de la transformación, por variar el grado de conocimiento, los supuestos y los riesgos existentes.

Trampas

Dibujar el plan detallado o la lista de tareas. El *roadmap* no debe ser excesivamente detallado ni mostrar tareas, sino resultados, relaciones entre ellos, riesgos y supuestos.

Recomendaciones

No es sencillo hacer este documento, que es esencial para comprender el camino de transformación. Dedíquese el esfuerzo que haga falta, sobre todo para que los participantes entiendan que los hitos son hechos, generalmente del negocio, que tienen que cumplirse para dar el hito por alcanzado.

También es importante que los participantes del negocio comprendan la crucial importancia de los sistemas de información para el negocio, entendidos como elementos de hardware y software funcionando de modo eficaz y eficiente, dentro de procesos correctos, y utilizado por personas capacitadas encuadradas en una organización racional. Tener instalado un sistema informático no es un hito para el negocio. Puede serlo para Tecnología. Tener funcionando de modo adecuado un sistema para el negocio (personas, proceso, estructura y tecnología) sí puede ser un hito para la transformación. Para ello deberá haberse ejecutado, además de la instalación del sistema informático, la capacitación de las personas que lo usarán (incluidos los Clientes, por medio de ayudas, tutoriales u otros mecanismos), los cambios en el proceso y las adaptaciones necesarias en la organización o estructura.

Confundirse en este documento, sobre todo si se tiene en cuenta que se debe tomar como documento de referencia en adelante, puede tener un impacto grave.

FASE 1.6 Definición del Modelo Objetivo (*To Be*)
Mientras el *roadmap* define el camino a seguir, esta etapa define el funcionamiento futuro de la empresa, que es el estado que se debe alcanzar tras haber recorrido el *roadmap*.

Puede tener un formato análogo al usado para mostrar el funcionamiento de la situación inicial para poder resaltar fácilmente las diferencias entre la situación de partida y la llegada.

Debe mostrar las grandes reglas del negocio, de los procesos y del comportamiento, estructura y cultura de las personas y recursos de la empresa

Propósito
Definir las grandes líneas de la empresa, como sistema, tras la transformación.

Técnicas
- Escenarios y casos de uso.
- Diagramas de datos y de procesos.
- Métricas e indicadores esenciales.

- Requisitos iniciales. funcionales y no funcionales.
- Estructuras y organizaciones.
- Niveles de afectación a las personas.

Interesados
Los directivos del negocio, de las áreas de recurso y los expertos en esas áreas y en el manejo de las herramientas conceptuales usadas en la tarea.

Entradas
Resultados de todas las tareas anteriores, sintetizados por el grupo de análisis.

Subtareas

1.6.1 Definición del modelo de negocio objetivo.

1.6.2 Definición de los procesos esenciales del negocio.

1.6.3 Definición de perfiles y roles de las personas de la empresa transformada.

1.6.4 Definición de la arquitectura de empresa.

1.6.5 Definición de la arquitectura de sistemas de información y tecnología de soporte.

Salidas
Modelo Objetivo, con la extensión y detalle que se suficientes para su correcta comunicación y posterior desarrollo.

Trampas

No acertar con el grado necesario de detalle y obtener modelos demasiado generales o demasiado detallados.

Recomendaciones

- Contar con los participantes necesarios de la empresa y de sus áreas de soporte y con personas experimentadas en el análisis de negocio.
- Usar técnicas de análisis del negocio y de análisis de los sistemas de información para definir las características, principales requisitos y modo de funcionamiento del negocio en la situación objetivo.
- Dejar claras qué hipótesis, o supuestos, y qué riesgos se deben seguir y gestionar, para actuar si no se cumplen. Siempre es mejor tirar 100.000 (gastados hasta el momento de detectar que las hipótesis no eran acertadas) que n veces esa cantidad si se sigue adelante y se hace una transformación inútil o perniciosa, por mostrarse irreal el supuesto usado para justificar la solución definida.
- Dejar bien claro que el seguimiento del cumplimiento del caso de negocio es una actividad continuada y que debe haber una persona concreta con la misión y la responsabilidad de realizarlo, así como comunicar las alertas y hechos relevantes que se produzcan.

Decálogo sobre la Etapa 1 (P): Problemas, Posibilidades y Preparación del Plan de Transformación

1. Es fundamental que de forma sincera se levanten los verdaderos problemas de la situación inicial. Una vez más, Sinceridad.
2. Hay que asegurar de que los participantes sean todos los que deben estar, pero no más. Debe haber un núcleo duro reducido, que garantice la toma de decisiones y que asegure la calidad de la comunicación hacia todos los interesados.
3. Esta Etapa es clave para el resto de la Metodología PETRA, por lo que no invertir en ella aumenta el riesgo al fracaso de las etapas posteriores.
4. Se necesita capacidad de dirección, gestión, estrategia, y comunicación, para que existan probabilidades reales de éxito en la transformación.
5. Desde el principio se ha de planear cómo se va a medir, no sólo el avance de la iniciativa, sino cómo se va a comprobar el grado de acierto en las hipótesis, así como se verifican los resultados intermedios del caso de negocio.
6. Es necesario un esfuerzo de eficiencia en la gestión del conjunto de las reuniones necesarias en esta primera etapa y en gestionar las claves emocionales implicadas.
7. Hay que asegurar el control y la actuación sobre el alcance, riesgo, calidad, plazo, coste y beneficio.
8. La gestión y ejecución de una buena comunicación de esta etapa es fundamental para su éxito, y debe pivotar en torno a una responsabilidad definida.

9. Hay que habilitar un entorno seguro de extracción de la información que permita advertir de posibles amenazas con total libertad y sin temor a represalias o similares.
10. Hay que tener voluntad para cambiar los planes en el caso que la realidad así lo aconsejen.

Etapa 2 (E): Experiencia de Cliente

Visión General de la Etapa

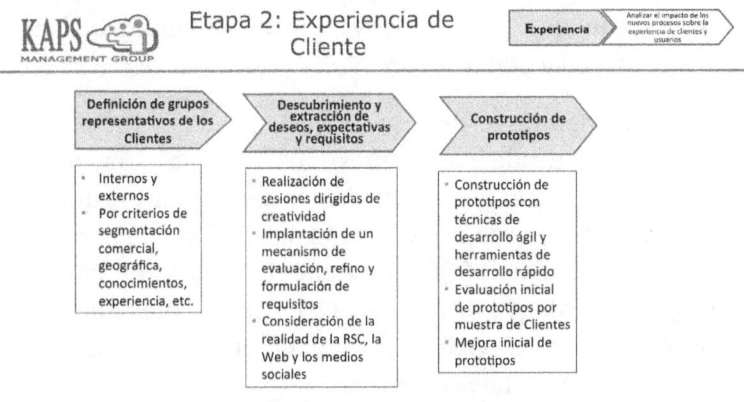

Por regla general, los productos y servicios de una empresa se diseñan desde los órganos internos de la empresa manteniendo la silla del cliente vacía. En algunas ocasiones, cuando hemos explicado esto en algunas empresas, nos han interpelado que ellos no lo hacen así. Nuestra idea no es que no se cuente en absoluto con el cliente, sino que cuando nunca se ha visto que al diseñar un producto o servicio, para un cliente, algún directivo de la empresa que haya participado en ello, se haya quedado con la mitad de la plantilla que tenía, o haya perdido una gran parte del poder que tenía, o peor aún, se haya podido prescindir de él. Nunca hemos visto que el responsable de un

Contact Center que haya participado en la definición y escalado de algo nuevo para sus clientes, haya pasado de 3.000 personas en el *Contact Center* a solo 500, nunca hemos visto que el responsable de facturación haya ideado un nuevo sistema de facturación donde el cliente se pueda gestionar los cobros y ello haya provocado que este directivo pierda la mitad de su equipo y de su poder.

En definitiva, es muy lógico que los productos diseñados desde los intestinos de la empresa introduzcan en el propio diseño los paradigmas propios de los procesos y la organización actual. Esto se conoce con el nombre de **SEPO** (Sesgo del Equilibrio de Poder Organizativo), que introduce en el diseño de los nuevos productos y servicios de la empresa, elementos distorsionantes, tales como:

- Frenos de la organización actual.
- Cambios en los poderes organizativos actuales.
- Paradigmas de crecimiento.
- Objetivos personales de los directivos.
- Convivencia con productos anteriores.
- Emociones personales y grupales.

Por lo tanto, en esta etapa se estudia la posibilidad de transformar la empresa pensando en los clientes, sus necesidades, su forma de entender los productos o servicios que les damos y, sobre todo, la forma en que ellos usan tales productos o servicios. Para ello, una de las mejores formas de acometerlo es pensando como nuestros clientes, lo cual nunca es fácil ni natural, por más que nos pese y aunque a muchos se les llene la boca de decirlo.

La mayoría de dinámicas para el diseño de productos o servicios con una visión *Customer Centric*, son dirigidas con un fuerte componente de presencia de personal de la empresa, lo que hace que su desarrollo se impregne del citado sesgo SEPO, ya que empleados o mandos intermedios de forma inconsciente introducen argumentos de diseño u operativos relacionados con las dificultades internas para el desarrollo, así como influencias de los líderes conocidos. Ni que decir que esto lo rematan los directivos encargados de tomar las decisiones finales de aprobación de tales productos y servicios en base a sus experiencias personales, emociones y demás paradigmas comentados.

KAPS propone una metodología específica para este proceso de ideación que pone al cliente como única fuente inspiradora del diseño de productos y servicios. No es poner al cliente en el centro porque no hay nada más que cliente. La metodología referida se denomina Reverse B2C© y, como su nombre indica, lo que hacemos es darle la vuelta al proceso tradicional. Sólo nos sentamos en la silla de diseño como clientes, pasando completamente de los procesos internos de la compañía, de las dificultades de provisión del servicio y de los que piensen empleados y directivos de la compañía. Si vendemos un buen producto o servicio para nuestro cliente, todo el mundo estará feliz finalmente.

La metodología Reverse B2C persigue inventar nuevos productos o servicios, o redefinir de forma extrema los actuales, de tal modo que exista una ventaja competitiva desde el inicio. Los factores emocionales, como es lógico, son vitales. Podríamos resumir Reverse B2C© en cuatro pilares, que ponemos en inglés dado su uso común y extendido:

1. *Emotional Relationship*
2. *Likeability.*
3. *Onboarding & Surfing*
4. *Problem Solving*

A continuación hablaremos de cada una de ellas con un poco más de detalle, entre otras cosas, para comprender el entorno donde nos moveremos en esta segunda etapa de PETRA©.

Sin embargo, el fin último de esta fase es obtener un prototipado básico que nos asegure, en la siguiente etapa, poder probar las bondades o defectos de los sistemas de transformación propuestos.

Pilares del Reverse B2C©

Emotional Relationship

La relación de un cliente con su empresa se produce, por lo general, a través de sus productos o servicios, y con el personal o sistemas puestos a su disposición. Al Cliente le importa muy poco la estructura organizativa de la empresa, quién manda más o manda menos, o la disposición geográfica de la organización. Al cliente de Coca Cola, le da igual la organización que tiene la empresa, y si sus directivos cobran por objetivos o tienen coche de empresa. Lo único que le interesa es que su Coca Cola está fría, sepa bien, y la pueda comprar o tomar cuando sienta la necesidad. Lo demás, le da absolutamente igual.

Bueno, en realidad le importan algunas cosas más: está preocupado por su salud y quiere consumir menos calorías, no contaminar con el aluminio de las latas o el plástico de las botellas, no hincharse como un botijo de gas, que su sabor no varíe tanto con la diferencia de temperatura y, casi siempre, asociar el tomarse una Coca Cola con una situación relejada y facilitadora de estar un poquito más feliz. Por ejemplo, en nuestra investigación de este producto hemos detectado que el cliente quiere también encontrar en él alguna propiedad curativa o paliativa y alguna acción que lo ayude con el ritmo de vida diario. Ambas han formado parte del concepto primigenio del producto y tal vez tenga sentido estudiarlas más a fondo en el futuro. La primera, es decir, como producto terapéutico, se debe estudiar la capacidad de esta para mejorar algún problema de salud, tales como la acetona en los niños y jóvenes, o la diarrea estival hidratando al mismo tiempo, aunque este espacio ya lo ha cogido otro producto de la marca, Aquarius. Respecto a la segunda, es conocida la acción de la cafeína en la capacidad de concentración, resistencia al cansancio, aumento de la capacidad oxidativa del cuerpo y efectos adelgazantes. También aquí, Red Bull, Monster y sucedáneos han cogido una parte importante del espacio.

Por tanto, en esta etapa lo que debemos es fijarnos en cómo es la relación entre los clientes y las cosas que le rodean para entender que es lo que el cliente necesita. A continuación, vamos a ver algunos ejemplos.

- *Emotional Banking*

    KAPS ha estudiado, en base a clientes y estudios universitarios y de mercado, la relación que existe entre las personas y el dinero. Hoy podemos concluir que la relación entre las personas y el dinero es una relación de felicidad, y en eso hay un consenso absoluto. Es cierto que el dinero, por sí, no da la felicidad, y no es menos cierto que a partir de una cantidad de dinero determinada ya no aumenta la felicidad de una persona, sino más bien puede ocurrir lo contrario.

Pero, ¿cuál es la relación que existe entre una persona y el dinero que tiene guardado en su banco? Esta sencilla pero demoledora pregunta se la hemos hecho a cientos de directivos y empleados de banca. La respuesta que nos dan es que es una relación de tranquilidad y confianza. Están convencidos. Sin embargo, la realidad es bien distinta: la relación entre las personas y el dinero que tienen en el banco es una relación de profunda inseguridad e incertidumbre. Esto es debido a muchos factores entre los que se encuentran;

- El dinero es intangible cuando está en el banco.
- Los mercados son volátiles y un conflicto en una parte del mundo ajeno a nosotros nos puede afectar.
- Los bancos no están exentos de tener problemas e incluso quebrar, perdiendo todo lo que tenemos.
- No existe transparencia de lo que se hace con mi dinero.
- Internet y la ciberdelincuencia hace que nos tengamos que preocupar de si estamos siendo víctimas de un fraude o un robo sin darnos cuenta.

- Para tener más rentabilidad sobre mis ahorros debemos asumir uno riesgos para los cuales no estamos, por regla general, preparados para entenderlos, etc.

Como hemos visto, si los directivos y los empleados de banca entienden que la relación de los clientes con el dinero que tienen en el banco es muy diferente a la que en realidad es, difícilmente vamos a proveer unos productos y servicios que respondan a sus necesidades. A la demanda de relación del cliente, el banco responde con una aplicación en el móvil, o en la web de su laptop, cuya primera línea pone: "Posición Global". Esto que desde el punto de vista bancario tiene sentido y forma parte de su lenguaje habitual, desde la perspectiva del cliente es causa de incomodidad y de dudas. ¿Qué es una posición? Para el cliente es algo físico, no un estado. ¿Qué es una posición global cuando el cliente tiene una sola cuenta? No pocos han pensado en que alguien les ha abierto cuentas en el extranjero. Global es una palabra que habla del mundo. En definitiva, no es un buen comienzo.

Pero a ello le sigue la opción de "saldo". Conocer el saldo para una persona que tiene el dinero en un banco da una tranquilidad o intranquilidad puntual, nada más. Si el saldo no es el que esperamos saltan nuestras alarmas y actuamos. Si el saldo es el esperado, nada nos garantiza que durante la noche se pase un cobro o nos piratean la tarjeta de crédito y al día siguiente, sin enterarnos, tengamos un serio problema.

Por último, nos encontramos con la línea "últimos movimientos", la reina del salón. Los últimos movimientos no son nunca un fin para el cliente de banca, son el medio para que éste investigue entre ellos para ver si encuentra lo que busca: el pago de un seguro, la cuota del gimnasio, el cobro del colegio o que los cargos de la tarjeta de crédito corresponda con lo que hayamos hecho. O sea, más trabajo para nuestro maltrecho cliente, al que habíamos supuesto confiado y tranquilo con el dinero que había puesto a nuestro recaudo.

Entendiendo la relación entre las personas y el dinero que tienen el su banco, el diseño de la aplicación para el cliente debe ser radicalmente diferente. El cliente está preocupado por cuándo le pasarán el seguro de su casa de la playa, porque sabe que es en otoño pero no sabe realmente cuando ni recuerda cuánto paga. Al cliente le apetece conocer cuánto ha pagado de electricidad en el último trimestre, ya que no hace más que oír que la electricidad ha subido de una forma alarmante en los últimos meses. Al cliente le interesa conocer cómo está su situación financiera entre todos los ingresos del semestre y todos los gastos, para comprender si ha ganado o perdido dinero en ese periodo. Al cliente le importa mucho saber si le han subido o no el seguro del coche. Y además, todo esto lo quiere hacer de una forma natural y sencilla, como si estuviese hablando con una persona.

Desde el área de ideación y diseño de productos y servicios de KAPS, se ha definido el producto avanzado para clientes que responde a esta forma de entender la relación de los clientes con el dinero que tienen depositado en sus bancos, y lo hemos denominado *Emotional Banking*. Cuando el cliente entra en la APP del banco le aparece una sencilla pantalla, al estilo de Google, donde puede introducir una pregunta o petición en lenguaje natural, o si lo prefiere apretando el botón de micrófono, lo puede hacer hablando directamente. Al hacerlo, introduce o dice: ¿Cuándo me pasan el seguro de mi casa de la playa y cuánto pago? El sistema busca en el big data de asientos y le devuelve en pantalla o por voz el día previsto de cobro y la cantidad de dinero que se pagó por ello. Si su preocupación es cuánto paga de luz, tan solo debe preguntarle al sistema ¿Cuánto he pagado de luz en el último trimestre? Y el sistema le da un listado de los tres últimos recibos de electricidad y su sumatorio. Si quiere saber cómo van sus finanzas, y pregunta: ¿Cómo me ha ido el último semestre entre ingresos y gastos? El sistema le sumará todos los ingresos, todos los gastos y le dará el resultado de la resta, obteniendo una idea de su capacidad real de ahorro familiar, por ejemplo. Si introduce: ¿Me han subido el seguro del coche? El sistema le da la diferencia entre los dos últimos recibos y le ofrece la posibilidad de contratar un seguro más barato.

Esperamos que el autor se haya dado cuenta de que esta orientación va mucho más allá de un cambio estético en la aplicación o de facilitarle al cliente el acceso a la información.

Este concepto de *Emotional Banking* le da información al banco en tiempo real de las preocupaciones de sus clientes, pudiendo entenderlas, comprenderlas y darle rápidamente soluciones que se ajusten a sus necesidades. Comparado con darle al cliente los últimos movimientos, donde no sabemos exactamente qué busca y qué le preocupa, *Emotional Banking* nos dice directamente, con claridad cuál es objeto de preocupación o interés de nuestro cliente. Como se puede apreciar es un cambio disruptivo en la relación, que va mucho más allá.

- **Smart Insurance**
  Para entender el mundo de los seguros hay que empezar por entender las relaciones entre las personas y las propiedades que éstos adquieren. Las propiedades son algo que cuesta esfuerzo tener. Cuando una persona muy aficionada a los coches deportivos, desde niño y sin ser millonario, ahorra toda su vida para comprarse un Ferrari, ha realizado un gran esfuerzo, seguramente continuo en el tiempo, para adquirir aquella propiedad, en forma de automóvil, que él consideraba su sueño. Claro, el problema se da minutos después de que te den tu flamante Ferrari rojo y lo dejas en tu plaza de parking (posiblemente bajo una exclusiva lona roja ajustada a su carrocería). Al coger el ascensor ya estarás pensando en mil maneras en las que tu Ferrari va a desaparecer o se va a dañar: el vecino envidioso que utiliza sus llaves a modo de venganza, un incendio fortuito en el parking que

tiene predilección por tu Ferrari, el ladrón profesional en robar coches de alta gama y trasladarlos fuera del país, etc. Creo que no hay quien aguante más de un par de noches de este calvario.

La relación que existe entre las personas y sus propiedades, es una relación de angustia y preocupación por posible pérdida, robo o daños sobre ella. El ser humano ha encontrado una solución a este dilema de querer tener propiedades, que le angustia tener y cuidar, en forma de seguros. El seguro permite, por una módica cantidad de dinero que se puede pagar con comodidad, disponer de una garantía de reparación o sustitución. Nuestro amigo del Ferrari dormiría a pata suelta si hubiera tenido un seguro a todo riesgo, incluido el fuego y el robo, que le hubiese permitido acceder a uno completamente nuevo en caso de incidente.

Es justo aquí donde entra nuestra metodología Reverse B2C© para que productos o servicios serían los adecuados para los clientes de seguros. Después de las sesiones de ideación, donde se estudiaron los máximos vórtices de confianza (aquellos momentos donde el cliente confía cien por cien en su compañía de seguros) nos dimos cuenta dónde se encontraba éste.

Cuando le preguntábamos a los empleados, mandos intermedios y personal de las compañías aseguradoras que dónde se encontraban tales vórtices, de forma unívoca nos decían que el mayor vórtice de confianza de un cliente se encontraba en el momento en el que le solucionaban un problema de forma rápida y eficaz. La verdad es que no parece descabellado. Si no hubiera sido porque nuestra metodología pivota sobre el cliente nunca lo hubiésemos visto, nunca nos hubiésemos dado cuenta de que pensar esto es un error enorme. La prueba la encontramos en un efecto que hemos denominado The *Shame Effect* (el efecto vergüenza) por el cual existe un porcentaje de clientes que cuando reportan un incidente (por ejemplo, la inundación de nuestra cocina y del vecino de abajo), aún en el caso de que se lo solucionemos rápido y sin problemas, el cliente no renovará la póliza con su compañía de seguros. Aún cuando a la compañía de seguros le interesa que el cliente se quede con ella varios años, ya que tiene que recuperar la reparación efectuada, éste puede decidir revocar la póliza por la vergüenza anticipada que siente al pensar que en unos meses o al año siguiente pudiese producirse otro incidente: "esta aseguradora ya ha sufrido un incidente mío, qué vergüenza me dará llamarles si tengo otro".

Así que, nos dimos cuenta que el máximo vórtice de confianza no se producía en ese momento, sino justo en el momento en que el cliente veía en que en su cuenta corriente le habían descontado la cuota del seguro. Impresionante. Era cuando al cliente le quitaban, la primera vez, el dinero de su banco cuando tenía su máximo pico de confianza con su empresa. Y tenía sentido, ya que es justo en ese instante, donde nuestro amigo del Ferrari consideraba perfeccionado el contrato con su compañía aseguradora. No era cuando firmaba el contrato, sino cuando él ya había pagado, cuando ya no había excusas para que, en caso de robo de su vehículo, le pusiesen uno completamente nuevo.

Este descubrimiento, realmente sorprendente, ha dado lugar a ofrecer, justo en ese momento donde se da el máximo vórtice de confianza, algún producto adicional o una mejora al servicio contratado, ya que en ese momento todas las barreras del cliente están bajas y éste es muy permeable a nuevas propuestas de la empresa en la que está confiando. Es cierto que esto es válido para la primera vez que contrata. Al año siguiente esta confianza se reduce a un 50% y al tercer año tan solo a un 25%. El resto de veces ni se inmuta al pasarle el cargo. Pero con esta metodología somos capaces de encontrar diamantes como éste simplemente aplicándola.

Likeability
La traducción de esta palabra nos lleva al concepto de simpatía. Sabemos desde siempre que las personas simpáticas nos caen mejor. Los últimos descubrimientos en neurociencia nos ofrecen una explicación que proviene de la estructura más profunda de nuestro cerebro. Esto se debe a las *neuronas cubelli*, también llamadas *neuronas espejo*, que se activan cuando se realiza una acción, como sonreír, y se observa la misma acción realizada inmediatamente por otro individuo. Estas neuronas juegan un papel esencial en las capacidades cognitivas ligadas a la vida social,

como lo son la empatía y la propia imitación, esta última base del aprendizaje.

Es evidente que si somos simpáticos, los otros tenderán a ser al mismo tiempo simpáticos con nosotros, creando un vínculo que va más allá de la pura relación profesional. Esto aplica también a las empresas que tengan esta característica, que es un recurso ampliamente utilizado por sus departamentos de marketing. En nuestra metodología analizamos y medimos el efecto de la *likeability* en el diseño de productos y servicios para nuestros clientes, y lo hacemos metidos dentro de la piel de los clientes. Esta simpatía no tiene nada que ver con que nos haga gracia algo como clientes, sino que le veamos la chispa, lo atrevido, lo exclusivo, lo que nos pueda dar un toque diferencial como personas. También tiene que ver con el concepto de escasez, en el sentido de que lo escaso es valioso y exclusivo. Esto activa una serie de mecanismo neuronales, originariamente válidos para la supervivencia, que en cuanto detectan escasez de algo, intentan por todos los medios hacer acopio por si acaso. Solo hace falta ver la web de Booking.com y reservar una habitación. Continuamente te recuerdan el tiempo que tienes para hacerlo o se lo lleva otro, el número de personas interesadas en el mismo momento, etc.

Mediante Reverse B2C© somos capaces de determinar el grado de *Likeability* de un producto y servicio y traducir el impacto que tendrá en el cliente. "Si mola, es más fácil que lo compre", decía un importante CEO de una multinacional del mundo del deporte. Ahora veremos algún ejemplo.

- ***Maximum Commercial Center Efficiency***

Una de las eternas preocupaciones de los gestores de centros comerciales es la de atraer clientes de los perfiles adecuados al centro con el fin último que puedan entrar en los distintos comercios a dejar parte de sus ingresos allí. El dilema surge de que debemos atraer a los clientes al centro de forma genérica, y no a una tienda determinada, para que luego el cliente vague por el centro y, a ser posible, se deje sus ahorros en el máximo de tiendas posible. Sin embargo el modelo de gestión de tales centros comerciales ya acumula muchos años desde su creación, por lo que es fácil deducir que es un modelo obsoleto, poco eficiente y con altas capacidades para poder ser transformado.

En nuestras sesiones de ideación hemos sido capaces de entender las claves que activan las neuronas espejo de los clientes, así como los mecanismos de gestión de la escasez, con lo que hemos diseñado estrategias complejas para que el centro sea muy atractivo y simpático.

Primero, de nuevo hay que entender la relación que existe entre las personas y el centro comercial. Esta es una relación satisfacción y de libertad. Los centros comerciales son abiertos y tienen diferentes posibilidades que pueden satisfacer diferentes necesidades del cliente en el mismo lugar. Podemos ir a comprar la comida de la semana para llenar la despensa y después irnos a comer, y finalmente irnos a comprar esa blusa o esos pantalones que creemos que nos hacen falta. Pero el driver fundamental que nos lleva a un centro comercial no debería ser la comodidad para comprar en diversos sitios uno cerca de otro, sino la idea o sensación de estar a gusto en el sitio, aun sin tener que comprar. Esa es la atracción que siente una persona por otra sin necesidad de que pase nada más. Claro que, si pasa, mucho mejor.

Entendida esa relación, establecimos diferentes ángulos de aproximación basándonos, por supuesto en las tecnologías de la digitalización y el Internet de las Cosas. Los atributos que definimos fueron:

- Alegre: lo alegre provoca una respuesta especular de alegría, propicia para bajar las barreras
- Libre: si me siento libre de ir o no ir decido ir, si me siento obligado reacciono a no ir.
- Divertido: Tiene que haber algo que me divierta, con humor, que me quite la pátina de amargura de todo el día o toda la semana.
- Exclusivo: Saben cómo me llamo y qué me gusta, y de eso me hacen propuestas solo para mí.
- Escaso: Hay momentos donde se hará algo que solo durará una tarde o un día y no te lo puedes perder.
- Común: No vengas solo, y no lo hagas solo por ti, que se apunte más gente porque tenemos para

muchas sensibilidades y hacedlo juntos.
- Tranquilo: La tranquilidad me permite decidir mejor, el agobio me hace sentir uno más.
- Bonito: La belleza es atractiva en sí, y eso nos hace más proclives a estar cerca de lo bello.

A partir de aquí tan solo restó las reuniones correspondientes de ideación de las que salió el concepto de *Emotional Shopping*, o cómo potenciar las emociones positivas para aumentar la atracción y fidelización de clientes, así como favorecer su capacidad de compra. El concepto de *Emotional Shopping* se articuló en base a cuatro pilares.

- *Social Spaces*: Conseguir que el centro comercial disponga de espacios que consigan cohesión social. Se habilitaron espacios para la gente joven para que se pudiesen reunir en gran número, con acceso a bebida y comida barata, y facilitando la formación de grupos que pudiesen compartir aficiones comunes, tales como *gamers*, *cosplayers*, etc.
- *Continuous Shopping*: Concepto por el cual las tiendas no se configuran de forma tradicional en una puerta por la que se entra, que es la misma por la que se sale, sino que se entra a una tienda y se pasa dentro de

esta por un pasillo central al resto de tiendas. Este concepto aporta nuevos procesos de compra que se están evaluando a fondo.

- *Eating, Shopping and Enjoying*: Facilita un *customer journey* con una experiencia de cliente completa que acompaña al cliente mientras esté en el centro comercial hasta que se vaya. Una de las preocupaciones de este pilar es el tema de los niños.
- *Cross Offers*: Introducción de tecnología que permita realizar ofertas cruzadas entre los locales en tiempo real del tipo *last minute*, conociendo el perfil del cliente.

No sólo se consigue experimentar con nuevos procesos nacidos de la metodología Reverse B2C©, sino que aparecen procesos completamente novedosos e innovadores, creando una ventaja competitiva para los centros comerciales nuevos basada en el concepto de *likeability*.

Onboarding & Surfing

Desde el punto de vista del cliente, estos dos conceptos, que podrían resumirse como facilidad de uso, son vitales para una buena experiencia de cliente y un buen viaje del cliente a través de los productos y servicios de su compañía proveedora.

Onboarding habla de la facilidad de darse de alta, de formar parte de una compañía como cliente. En la medida que amarramos los temas legales e internos en una empresa para que un cliente forme parte de nuestra oferta de productos y servicios, el proceso de acercamiento del cliente se hace más complejo y lento, lo que lleva, en numerosas ocasiones, a desistir de tener una relación con nuestra empresa.

Los ejemplos son infinitos, pero intentemos comprender primero el punto de vista del cliente, puesto que el de la empresa es fácil de asumir: tener el control en todo minuto y evitar demandas. Sin embargo, desde el punto de vista del cliente la cosa se ve de otra forma, siendo sus prioridades:

- No tener que poner muchos datos para ser identificado y ninguno que se considere fiscalizador o muy personal.
- No tener que identificarse continuamente, pero no estar siempre conectado por razones de seguridad.
- Que no se dude de que soy yo y me de cuenta, me hace sentir mal.
- Que sea seguro y nadie lo pueda hacer por mí.

Como se puede ver hay algunos elementos contradictorios que entran en el si pero no, o en el quiero y no puedo, como que sea seguro y no cueste mucho esfuerzo hacerlo. En cualquier caso, hay que aprovechar las nuevas tecnologías para simplificar de forma radical los procesos. Una de las tendencias más extendidas en multitud de sistemas y empresas online, es la de utilizar Facebook como sistema de acceso. Si ya nos hemos identificado en Facebook y tenemos nuestra identidad chequeada, una forma sencilla de acceder a la plataforma de una empresa que nos ofrece sus productos o servicios es usar los servicios de autentificación propios de Facebook, con lo que nos ahorramos un nuevo identificador de usuario y recordar una nueva *password*. Trabajando con una empresa de seguros nos dimos cuenta que el CIO de la compañía, basándose en criterios puros de seguridad, había impuesto una política de contraseñas para sus clientes que obligaba a éstos a introducir por lo menos una mayúscula, un número, un carácter especial, que no haya sido utilizada antes y que como mínimo tenga 10 caracteres. No cabe duda de que será muy segura, pero la inmensa mayoría de los clientes que estén dos días sin ingresarla, se olvidarán de ella si no la apuntan, lo cual genera los siguientes problemas:

- Llamadas al *call center* o petición de nueva contraseña al *mail*.
- Escribir la contraseña físicamente en algún lugar no muy seguro (no sabe el lector la de contraseñas que los autores han encontrado pegadas con *Postit* debajo de los teclados en las empresas).
- Aumento de la complejidad de gestión del sistema.
- Rechazo a entrar en el sistema por parte del cliente.

Resultaba que para pagar una semana de hotel con nuestra Visa bastaban solo 4 dígitos y para sacar un billete de tren de alta velocidad o de avión, tenía que meter una contraseña imposible de memorizar. Es evidente que algo falla. Por otro lado, nos encontramos en la falta de simetría que existe entre algunos procedimientos para darte de alta y darte de baja en algunas empresas. Es común, en el sector de las telecomunicaciones que te llamen directamente a tu móvil para ofrecerte una oferta de la competencia con mejores condiciones. Para darse de alta, tan solo es necesario que vayas diciendo sí y la conversación se graba. Es evidente que siempre alguien se puede hacer pasar por ti, aunque las nuevas tecnologías de *emotional analytics* avanzan en esta dirección, pero llama la atención poderosamente que eso no sea impedimento para robarle un cliente a la competencia. Sin embargo, la sorpresa llega cuando te vas a dar de baja: ahí no sirve con la grabación por voz y se tiene que enviar un mail, un burofax o cualquier otra cosa que dificulte que el cliente se de baja.

Los nuevos procedimientos de *onboarding*, es decir de darse de alta en una empresa, utilizan todo tipo de tecnologías, especialmente las visuales. En muchos casos, pones tu nombre y apellidos, tu número de móvil y una foto tuya o de tu documento de identificación. Y en menos de un minuto ya lo tienes todo hecho. En este apartado es interesante ver cómo lo están haciendo las nuevas *fintech*, por ejemplo.

El otro concepto es el de *surfing* o navegación, es decir cómo me muevo por mis productos y servicios para que sea lo más sencillo posible. Amazon descubrió que el concepto de cesta le venía grande a la mayoría de las compras online. El carrito se llena cuando uno va al supermercado, puesto que ya que hacemos el esfuerzo de coger el coche y desplazarnos, compramos varias cosas de golpe. Sin embargo, si no tenemos que desplazarnos, no tenemos por qué comprar varias cosas. Compraríamos sobre la marcha aquello que nos hace falta o de lo que nos recordamos en ese instante. Y eso es exactamente lo que pasa la mayoría de las veces cuando entramos en Amazon, que compramos un único artículo. Por tanto, no es necesario añadirlo al carrito, sino que podemos utilizar la opción "comprar en un clic" que nos facilita el hecho de visto y comprado.

Los ejemplos son multitud, baste recordar el visto anteriormente de *Emotional Banking*, sin embargo en algunos servicios online, aún queda mucho recorrido para que sea eficiente. Por ejemplo, si entramos en *Booking* y buscamos un hotel concreto, bastaría que nos diera la opción más barata y comprar en un clic, y no ofrecerte multitud de opciones que complican el *surfing*. Sinceramente, creemos que no faltará mucho para que lo implementen.

Problem Solving

El último pilar de la metodología reverse B2C© está centrado en la gestión de las incidencias, peticiones y problemas de nuestros clientes cuando algo no va tan bien como nos gustaría. Este pilar es básico en una buena definitiva experiencia de cliente. Sabemos por numerosos estudios que incluso cuando un cliente llama enojado, si le resolvemos su problema de forma amable y rápida, tiene más facilidad de contratarnos un nuevo servicio que si le llamamos directamente al móvil y se lo ofrecemos. Cuando un cliente se queja es que existe una desalineación entre sus expectativas y lo que está obteniendo. El ajuste de tales expectativas es la resolución de problemas, también llamado *problem solving*.

Es casi seguro que le lector se habrá encontrado en alguna ocasión en la que ha tenido que llamar a su compañía de gas o electricidad para abrir una incidencia de servicio o una reclamación sobre la facturación. También, es más que probable que al terminar de explicar su problema, éste no se va a resolver de forma inmediata y se encuentra con que el amable operador le ofrece la posibilidad de que apunte, por favor, el número de incidencia, por ti tiene que volver a llamar que lo indique, dicho lo cual le suelta un churro de números propios de la identificación de una estación espacial. La mayoría de los clientes con los que hemos trabajado dicen que esto está carente de todo sentido. Uno nos dijo: "hombre si yo llamara por 30 incidencias al día es seguro que les iría bien a ellos y a mí tener un número que las identifique, a fin de encontrarla más fácilmente y poder seguirla. Pero para una incidencia que tengo abierta, o dos, lo suyo es que la busque por mi nombre y no me metan en líos de tener que apuntarlas en un papelito aparte".

El resultado de aplicar Reverse B2C© a esta parte conlleva nuevas e innovadoras soluciones que simplifican tanto los procedimientos de comunicación como los de resolución. Uno de los casos más paradigmáticos es el de la facturación que veremos a continuación.

- *Pay Calm*
    Nuestro cliente es una de las mayores compañías de telefonía móvil del país. Su problema era que quería ser más eficiente en la gestión de la facturación y de los cobros subsiguientes. Aplicando la metodología PETRA©, llegamos a las siguientes conclusiones:
    1. Todos los clientes se trataban de la misma forma desde el punto de vista de la

facturación, como si fueran excelentes pagadores.
2. Del 100% de las facturas generadas, tan solo el 90% se podían cobrar a la primera y sin problemas en el banco.
3. El 10% de las facturas restante se debían reprocesar. Al término de los siguientes reprocesos, tan solo quedaba un 0,7% de facturas cuyo cobro pasaba a la cuenta de impagados.
4. Las causas de los impagos son variadas, desde los morosos casi crónicos, a errores en las cuentas comerciales, descubiertos de cuentas, facturaciones más altas de las esperadas, etc.
5. El impacto de este 10% de facturas que no se cobran a la primera en el coste del proceso que implicaba la facturación, el cobro y la atención necesaria, era de un 40% sobre el total del coste del citado proceso.
6. El coste del reproceso de una sola factura no cobrada equilibraba el beneficio de ese cliente por seis meses como mínimo.

Es fácil deducir, que buscar una pequeña eficiencia en ese 10% de malos pagadores, por las causas que sean, producirá un enorme impacto en las cuentas de resultados de la compañía.

Aplicando las sesiones de mejora y transformación de procesos, dentro de nuestra metodología, se encontraron algunos hallazgos de gran importancia. Antes de entrar en el análisis correspondiente, recordar la importancia de la determinación de los VII o *Very Important Indicators* en este proceso. Cuando somos capaces de tener una visión completa del procesos de facturación, nos damos cuenta que le proceso completo abarca la facturación, el cobro de las facturas y la atención a los clientes, relacionada con este proceso. Dicho de forma llana y comprensible, se calcula la factura, se envía al banco, se cobra, y si hay algún problema se atiende al cliente. Con esta visión descubrimos lo siguiente:

- Desde un punto de vista de la eficiencia, los VII se encuentran en el proceso de cobro. Si hacemos bien las facturas pero cobramos todo perfectamente, desde el punto de vista del negocio va todo perfecto.
- Desde el punto de vista del cliente, los VII, se encuentran en el proceso de atención, ya que una buena atención, una correcta y rápida resolución de las deficiencias de facturación son la clave para un cliente fiel y agradecido.
- Sin embargo, desde el punto de vista de poder en la empresa, de conducción del proceso y de la toma de decisiones, el que manda es el responsable de facturación, lo

que no facilita la modificación y eficiencia del proceso.

Aplicando *Reverse B2C©* se llegó a la conclusión que, una vez calculada la factura, se debería diferenciar entre clientes de dudoso pago de los que no para emitir las obligaciones de cobro al banco. Nuestra metodología y tecnología, permite anticipar los pagos dudosos: Si el la primera vez que paga, si tiene algún otro teléfono con nosotros impagado, si acaba de no pagar la luz, el agua u otro servicio básico, si nos ha cambiado la cuenta del banco, si su factura duplica o triplica la del mes anterior, etc.

Los clientes que conforman el 90% considerado como "buenos pagadores" y que no consumen recursos de reproceso siguen su cauce habitual. Sin embargo, los que son considerados de dudoso cobro pasan a un proceso diferente:

1. Se derivan a nuestra aplicación, denominada *PayCalm,* que les envía un *sms* (no una notificación de *APP* ni nada complicado, sino algo que les llegue tengan datos o no), con la siguiente información:
   "El día XX/XX/XX le vamos a pasar al cobro 150 euros. Este mensaje es informativo, pero si tuviera algún problema, pulse aquí paycalm.com"
2. Si al cliente le va bien, y en dos días no dice nada, se procede a ejecutar

la obligación de cobro al banco, como los buenos pagadores.
3. Si el cliente pulsa en el enlace, le aparece en el navegador de su móvil una pantalla negra con una barra amarilla (nuestros antropólogos dicen que es el lenguaje universal de peligro pero poco, como una avispa, que pica pero no mata) y que representa la cantidad de dinero a cobrar.
4. Se le dan tres posibilidades:
   a. Aceptar tal cual,
   b. Cambiar el día de cobro (imaginen que el cobro es el día 18 pero que al cliente le va mejor el 30 cuando ya haya cobrado la nómina)
   c. Dividir el pago en varios plazos (por ejemplo si cada mes paga 50 euros y un mes le llegan 150 euros, cambiar sólo el día tal vez no es suficiente y quiere hacerlo en dos o tres pagos aplazados). Esto se hace simplemente cortando la barra amarilla que representa el dinero en dos o tres plazos.

Este nuevo proceso, que involucra al cliente en la toma de decisiones sobre lo que tiene la obligación de pagar por el consumo de los servicios prestados, lleva a que los malos pagadores, o simplemente los errores en el proceso, disminuyan un 70%, quedando el porcentajes de impago a la primera tan solo en el 3%, y reduciéndose el coste del proceso total debido a los problemas de pago del 40% anterior a solo un 10% en la nueva situación, lo cual libera una extraordinaria cantidad de *cash flow* recurrente.

Aún así, comprobamos que los clientes no estaban dispuestos a pagar ningún tipo de comisión por cambiar el día de pago, por ejemplo del día 18 al 30 del mes. Pero comprobamos también que sí lo estaban para aplazar una factura en varios pagos, ya que entendían que eso era una práctica habitual del mercado. La comisión que pusimos era de 1 euro, que si bien es una cantidad absoluta pequeña, sobre una factura de 50 euros representa un porcentaje enorme, especialmente si tenemos en cuenta que evitamos el coste del reproceso. Pudimos constatar que tan solo el 65% de los clientes estaba dispuesto a pagar la comisión de 1 euro por aplazar en dos o tres plazos su factura.

Por eso, decidimos experimentar con otro de los conceptos que salió de las sesiones con Reverse B2C©, la ayuda social. Decidimos facilitar que, del euro que cobrábamos, el cliente pudiera ceder la mitad a uno de los tres proyectos de compromiso social que tenía la empresa: La erradicación de la polio en el mundo, la lucha por una vacuna contra la malaria y la ayuda a la población Vaka en Camerún. El porcentaje de la gente que aceptaba pagar ese euro por aplazar en dos o tres lo pagos, pasó de un 65% a un 95%, y encima lo publicitaban orgullosos. Como decía uno de los directivos: "Hemos conseguido convertir un moroso en un filántropo, y orgulloso de su empresa de telecomunicaciones". Esto es, simplemente impresionante, la transformación total del perfil de un cliente, que además se convierte en un defensor de nuestra compañía.

Etapa 2 (E): Experiencia del Cliente en detalle

Como hemos podido ver, esta etapa estudia la posibilidad de transformar la empresa pensando en los Clientes y, mejor aún, sentándonos en la silla propia de los Clientes en relación con nuestra empresa. Ésta es una diferencia básica de la Metodología PETRA y que podemos denominar tal proceso como Reverse B2C, es decir un proceso que define las relaciones de los clientes con nuestra empresa desde ellos, a través de nuestros productos o servicios (existentes o no) hacia el *core* de nuestro negocio y nuestra organización. Para ello, debemos conseguir pensar como los Clientes: son ellos quienes tienen que notar la verdaderamente la transformación, por los mejores productos o servicios o las mejores condiciones de uso de esos productos o servicios.

Aunque, cada vez más, se piensa desde el punto de vista del Cliente, quienes toman su voz (en no pocas ocasiones la usurpan), suelen ser empleados de la empresa o empleados de empresas especializadas o consultoras clásicas, que siempre tienen un mayor conocimiento y una visión diferente, por su experiencia y capacidades. Ambos participantes son útiles, pero no quienes deben definir la voz de los Clientes, sino quienes deben recoger esa voz y aportar su conocimiento de las acciones de competidores y líderes.

Incluso cuando se usan Clientes reales en manifestar esa voz, no suele ser raro que al final quienes dirigen y gestionan el proceso de obtención de la voz de los Clientes acaben haciendo bueno el dicho de Maslow: "Quien tiene un martillo, en todo problema ve un clavo".

En nuestra metodología PETRA, KAPS Management Group propone que se usen muestras seleccionadas de Clientes, en entornos para fomentar la creatividad, la ideación de mejoras y la definición de buena usabilidad. La aplicación de las teorías de la recompensa inmediata y del *gaming*, ampliamente usadas en el sector de videojuegos, puede mejorar radicalmente la percepción y confort de uso percibido por los Clientes. Así mismo, la adecuada caracterización de los tipos de Clientes (nunca se debe hablar del Cliente, sino de los Clientes, que son muchos y muy distintos), es crucial para desarrollar los productos y servicios apropiados a estos tiempos.

Además, no se debería persuadir excesivamente a los Clientes, llevándolos a que confirmen, a cualquier precio, hipótesis previas, sino que el proceso debe fluir en libertad.

El estudio se efectúa:

- Definiendo los grupos representativos de los Clientes y los procedimientos de descubrimiento y extracción de sus deseos, expectativas y requisitos.

- Convirtiendo rápidamente los elementos extraídos en prototipos operacionales.

- **Tarea 2.1 Caracterización de grupos de Clientes (Actuales y Objetivo)**

La transformación de una empresa debe comenzar por conocer las características de los Clientes (actuales y futuros), entendiendo que no hay una clase única de Cliente, que quiere una clase única de productos y servicios. El enfoque de un Cliente es igual a una clase de productos, era típico de la revolución industrial[25].

La estrategia de transformación debe tener en cuenta esa multiplicidad de tipos de Clientes y de tipos de deseos, sin incurrir nunca en el error, muy habitual de la Banca, entre otros sectores oligopolistas, que durante muchos años pensaban que el director de Marketing ya sabía quiénes son y qué quieren los Clientes: "Como hemos contratado a un extraordinario (y carísimo) profesional, no hace falta perder el tiempo en preguntar a los Clientes lo que ya sabemos". Esta prepotencia ha llevado a alguna empresa a la quiebra más inesperada.

Por tanto, debe tratarse de conocer las clases de Clientes en función de parámetros muy diversos (edad, nivel cultural, capacidad adquisitiva, pertenencia a un colectivo concreto, estilo de vida, etc.). El uso del concepto de "Persona", tal como se emplea en la terminología

---

[25] Recuérdese la anécdota de H. Ford: "Podemos entregar un modelo T en cualquier color que quiera el Cliente, siempre que ese color sea el negro".

sajona del Marketing[26] puede ser muy útil para darse cuenta de la situación real actual y la situación deseable a futuro. ¿No salen jóvenes o no salen personas de edad avanzada en nuestras *personas*? ¿No será que nos falta tener en cuenta y pensar en esos colectivos[27]?

Big Data permite, si se usa con mente crítica, conocer muchas de las características y ayuda a esta etapa y las siguientes.

En tareas anteriores se comenzó a perfilar las características iniciales de estos grupos. En esta tarea se deberá completar el trabajo iniciado, ajustar o modificar las de los trabajos previos y dejar definido a quiénes se dirige la empresa tras la transformación y, con ello, qué personas hay que buscar para trabajar en esta etapa.

Propósito
Conocer, detalladamente (por ejemplo, definiendo cada colectivo con una o varias *Personas*[28]), qué colectivos deben tenerse en cuenta para definir el

---

[26] Véase, por ejemplo:
www.gartner.com/smarterwithgartner/whats-in-a-name-creating-personas-for-digital-marketing/

[27] El colectivo de personas de edad avanzada (superior a 64 años) en España ya es más del 18% en 2016 y será, previsiblemente, más del 30% en 2030. Estos porcentajes son los segundos más elevados, después de Japón. Sin embargo se suele ignorar sistemáticamente este tremendo colectivo en los estudios estratégicos de muchas empresas.
[28] Con el significado del moderno marketing: representación del modelo de Cliente de un colectivi determinado.

comportamiento y la oferta de la empresa tras la transformación.

Técnicas
- *Brainstorming*, por ejemplo, con Metaplan.
- Segmentación inteligente con técnicas de *Big Data*.
- Sesiones dirigidas de creatividad.
- Análisis, evaluación y refino de ideas.
- Muestreo.

Interesados
Responsables de marketing y atención comercial

Entradas
- Resultados de la fase 1.3.
- Resultados del benchmark con otras empresas.
- Información de gestión de la situación actual.

Salidas
- Definición de los colectivos (segmentos o nichos) a los que se dirigirá la empresa, con fichas de *Persona* (una o varias por colectivo), para que se puedan imaginar los miembros de ese colectivo.
- Definición detallada de posibles muestras representativas de esos colectivos para las tareas posteriores, tales como definición de expectativas, formulación de requisitos, etc.

Trampas
- Pensar que la empresa tiene un Cliente, con características únicas y claras y que, por lo

tanto, se puede trabajar en adelante pensando en ese Cliente.

- Sustituir un proceso de descubrimiento de esos colectivos y posteriormente trabajar con sus expectativas y necesidades por el método de pensar que el responsable de marketing "ya sabe" perfectamente quiénes son y que querrán o esperarán los Clientes, así que vasca con preguntarle.

Recomendaciones
Ejecutar esta tarea con rigor y dedicando el esfuerzo necesario, porque es la piedra angular de esta etapa y de la transformación entera. Si se yerra al definir y entender a los Clientes objetivo, el fracaso es casi seguro.

- **Tarea 2.2 Descubrimiento y extracción de expectativas y requisitos de los Clientes**
Una vez conocidas las clases de Clientes y sus correspondientes *Personas*, a los que la empresa se dirige o quiere dirigirse, viene la etapa más atractiva pero también la más complicada y dura. A partir de ese momento, cuando ya se han perfilado las características de las expectativas, hay que convertirlas en requisitos funcionales característicos del producto o servicio y, posteriormente en requisitos técnicos, que serían las características de fabricación o prestación de servicio.

En los últimos años, excepto en la industria con muchos años de experiencia es estas etapas como por ejemplo en la industria del automóvil, se suele prestar mucha atención, esfuerzo y dinero para la primera etapa, más fácil y gratificante, y pasar por encima de las etapas siguientes, más lentas, pesadas y tediosas.

Las técnicas de elicitación de requisitos y las técnicas de QFD son muy interesantes para este punto y usan muestras elegidas de Clientes.

Propósito

Una vez caracterizados los Clientes, hay que conseguir saber qué espera, necesita y desea cada *Persona* definida. Es una tarea muy gratificante y creativa, pero complicada y con pocas ayudas automatizadas, en la que se deben usar habilidades sicológicas y emocionales.

Técnicas

- Caracterización de participantes (perfil sicológico, emocional, edad, actitud, conocimientos, gustos, etc.).
- Elicitación de requisitos
    - Entrevistas.
    - Encuestas.
    - Grupos de trabajo.
    - *Brainstorming*.
    - Análisis de comportamiento.
    - Escenarios y *storyboards*.
    - Estudio del comportamiento previo o del comportamiento actual en webs, aplicaciones, dispositivos.
    - Observación en laboratorio de usabilidad.
    - Ingeniería del Concepto.

- o   *Design Thinking.*
- Análisis y gestión de requisitos (ingeniería concurrente).

Interesados

- Responsables de marketing.
- Expertos en ingeniería de los requisitos.
- Miembros elegidos para representar los colectivos de Clientes.

Entradas

Resultados de las tareas anteriores

Subtareas

2.2.1 Formación de los grupos de trabajo representativos (muestra) de los colectivos a analizar

Salidas:

- Definición de los grupos de trabajo por cada colectivo, con sus calendarios de trabajo y medios asignados
- Definición de los resultados (clase de resultados) que se esperan de esas sesiones de trabajo
- Plan de gestión de los requisitos

2.2.2 Extracción de expectativas, deseos y necesidades

Salidas:

Listas estructuradas y anotadas (Necesario, Deseable, Optativo) de los hallazgos realizados trazable a quienes han definido esos hallazgos

2.2.3 Análisis y conversión en requisitos funcionales, y a partir de ellos, los requisitos técnicos

Salidas:

Requisitos anotados y clasificados, con trazabilidad a los hallazgos de la tarea anterior

2.2.4 Primera validación de que los requisitos se corresponden con las expectativas, deseos y necesidades

Salidas:

Requisitos validados, modificados o rechazados

2.2.5 Definición de especificaciones de los prototipos que se construirán en la fase siguiente.

Salidas:

Prototipos definidos y especificados

Trampas

La más habitual es no entender qué es un requisito y qué es un una propuesta de intenciones. Hay normas ISO e IEEE que pueden usarse para enseñar a los participantes. La siguiente es no escribir un plan real de gestión de los requisitos, es decir con actividades, esfuerzos estimados, recursos asignados y responsable personal.

Hay que recordar el concepto del Triángulo de Hierro, con los lados: Alcance, Tiempo y Coste. El interior es la Calidad que definen estas tres variables. Si se cambia una de ellas, por ejemplo el Alcance, esto inevitablemente afecta a las dos otras variables, el Coste y por supuesto el Tiempo. Si estas dos variables nos empecinamos en mantenerlas igual, no cabe duda que lo que se vería afectada es la calidad resultante.

El plan de gestión de los requisitos debe incluir el procedimiento de gestión de cambios por peticiones, considerando el estado y la clase de éstos.[29] Modificar, por las buenas, un requisito está en la raíz de grandes fracasos en el desarrollo de caros y complejos sistemas de soporte al negocio.

Recomendaciones
Es importante esforzase en ejecutar la tarea con el cuidado y la dedicación que merece. Igual que errar en la definición de las *Personas* objetivo puede ser desastroso, errar en la extracción de sus deseos, necesidades y expectativas, también puede ser desastroso.

- **Tarea 2.3 Construcción de Prototipos**
  Todo proceso de extracción de conocimiento y plasmación en un producto tiene varios riesgos cruciales, algunos de los cuales son:

  - Que la muestra del colectivo concreto de Clientes no sea representativa.

---

[29] Véase, por ejemplo:
www.sebokwiki.org/wiki/System_Requirements

- Que la muestra representativa no sea capaz de comunicar sus expectativas y deseos.
- Que se malinterpreten las expectativas y deseos.
- Que se equivoquen las personas para extraer y materializar los deseos y requisitos.
- Que se ataje y se simplifiquen excesivamente esos deseos y expectativas.
- Que las personas internas de la empresa que participen en el proceso de ideación impongan sus propios criterios por encima de los del propio Cliente, aplicándole por tanto el comentado SEPO o Sesgo del Equilibrio del Poder Organizativo Interno.
- Que se vaya demasiado lejos, es decir, más allá del horizonte factible, en esos deseos y expectativas.

Para minimizar el impacto de esos riesgos, es importante la realización de prototipados y pruebas de concepto sobre los cuales probar las características encontradas.

Sabemos por experiencia que en una empresa transformar todos los procesos, o realizar una transformación profunda y global, es muy difícil. Como decía un alto ejecutivo en una multinacional del sector de las telecomunicaciones, "aquí para hacer un cambio nos tenemos que poner todos de acuerdo, pero basta que alguien no esté de acuerdo para que todo cambio se pare". Por lo tanto, es muy recomendable empezar por transformaciones de limitado alcance pero cuyo éxito sirva de punta de lanza para transformaciones mayores y más profundas, a modo de efecto bola de nieve.

Técnicas como Reverse B2C son muy útiles en esta tarea y las previas. El proceso tiene una fase de abstracción y simplificación, para escribir la especificación, y luego una fase de materialización para convertir una especificación escrita en un producto o servicio real. En el proceso de abstracción se puede perder información importante y en el proceso de materialización de la especificación se pueden añadir características innecesarias e incluso contraproducentes.

Propósito
Conseguir la demostración de que las características definidas en la etapa anterior son viables, rentables y que se valoran positivamente por la muestra de Clientes objetivo, o lo bien lo contrario, es decir, modificar, desarrollar y pulir las características, para que se adapte a los Clientes.

Prototipado
- Utilizando la metodología *Reverse B2C*.
- Utilizando la metodología de Ingeniería Concurrente.
- Método de Kawakita Jiró también llamado KJ.

Interesados
- Grupos representativos de los Clientes objetivo
- Responsables de marketing
- Responsables de diseño de productos, servicios y sistemas.

Entradas

Salidas de la fase 2.2.

Subtareas

2.3.1 Construcción de los prototipos

Salidas:

Prototipos construidos y operativos.

2.3.2 Evaluación inicial de los prototipos por una muestra reducida de Clientes objetivo

Salidas:

Informe de evaluación inicial, antes de iniciar la etapa de Test. Sirve para evitar las pruebas masivas de productos o servicios con posibles características indeseables que harían el esfuerzo de test inútil.

2.3.4 Ajuste y mejoras iniciales de los prototipos.

Salidas:

Prototipos mejorados con las modificaciones halladas en la subtarea anterior, si las hubiera.

Trampas

- Sobresimplificar los prototipos.

- Construir el producto o servicio entero, en vez de un prototipo.

Recomendaciones
- Atención las técnicas de participación eficaz en reuniones y grupos de trabajo.
- Atención a asegurar la trazabilidad y a analizar los impactos en cambios, para evitar colisiones o contradicciones.

Decálogo sobre la Etapa 2 (E) Experiencia de Cliente

1. Hay que asegurarse de que los grupos representativos de los Clientes son correctos, bien identificados, comprendidos por todos los participante, así como que tengan la composición y tamaño adecuados.
2. En esta etapa, entender las emociones de los clientes, en su experiencia en la relación con la empresa, con sus producto y con sus servicios es vital y clave del éxito.
3. Es peligroso tomar atajos para determinar la especificación soluciones que den respuesta a los deseos o necesidades de los Clientes. La etapa intermedia, de análisis y especificación de requisitos es fundamental y su buena realización u omisión explica éxitos o fracasos de muchos productos o servicios.
4. Hay que asegurar una alineación en cuanto al pensamiento de los interesados orientado hacia los Clientes y sus puntos de vista.
5. Se deben utilizar metodologías como Reverse B2C para el análisis de productos y servicios desde el punto de vista de los Clientes.
6. Si la empresa no tiene experiencia en gestión de sesiones de creatividad es necesario adquirir el conocimiento necesario, ya que es difícil cambiar el posicionamiento de construcción de procesos internos a pensar de un modo creativo, libre y desde el punto de vista de los Clientes.
7. Se deben planificar prototipos con un alcance delimitado para el testeo de las hipótesis

definidas, sin caer en la tentación de productos o servicios finales.
8. Hay que implantar un mecanismo de ingeniería recurrente para el desarrollo de nuevos productos y servicios, que lleve incorporado un procedimiento de cambios.
9. Muchos proptotipados fallan por la falta de una gestión adecuada de los entregables intermedios, entendiendo que es un producto o servicio final malo y no mal gestionado.
10. Se debe lograr una mezcla de habilidades y conocimientos en los participantes, que van desde la creatividad extrema, esencial en las primeras etapas, hasta la ingeniería tecnificada necesaria para aterrizar las ideas en cosas viables.

Etapa 3 (T): Test de Prototipados

No tiene demasiado sentido cambiar todos los procesos de una compañía, transformarlo todo o ser demasiado ambicioso. En la idiosincrasia de la mayoría de las empresas actuales el consenso forma parte del mejor saber hacer de las compañías. Las decisiones autoritarias son mal consideradas y se entienden como poco integradoras. En palabras de algún directivo entrevistado: "en esta empresa para hacer algo todo el mundo debe estar de acuerdo, pero para no hacer nada basta que tan solo uno de los interesados exprese sus dudas". Por tanto, va a ser, en general, muy complicado transformar procesos que involucren a mucha gente o que necesiten del consenso de amplios sectores de la organización.

Lo más prudente será transformar los procesos clave, y que ello sirva de punta de lanza para transformaciones más amplias y profundas. En este escenario, es muy importante el prototipado y la prueba de las soluciones transformadoras halladas en los procesos de ideación.

Visión general de la Etapa

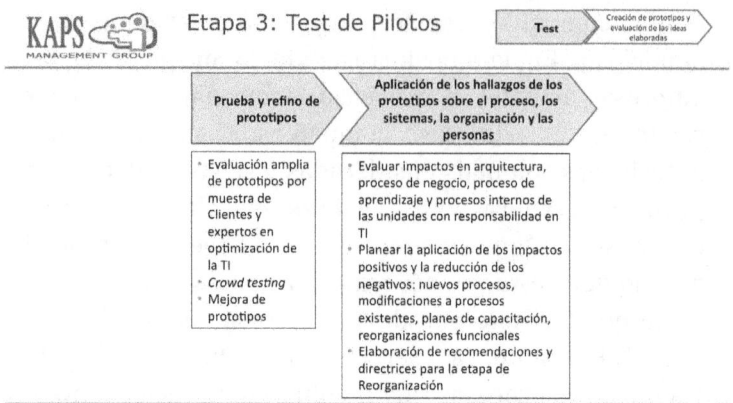

Prueba y Refinado de los Prototipos

Esta etapa prueba, o testea, los conceptos definidos o encontrados en la etapa anterior, con respecto a criterios determinados, tales como funcionalidad, calidad percibida por los Clientes y por los empleados, desempeño, compatibilidad o impacto sobre las normas de los procesos y sistemas existentes, así como factibilidad, coste, plazo, etc.

El estudio se efectúa:

- Afinando los prototipos por medio de su uso y medición:

    - Punto de vista de los Clientes
    - Factibilidad técnica y cultural en la Empresa

- Concordancia con otros elementos existentes de la Empresa, ya sean sistemas, normas, políticas, etc.

- Grado de impacto sobre la cultura de la empresa versus la facilidad de cambio.

• Analizando la forma de usar ampliamente los hallazgos para mejorar los procesos y los sistemas que les dan soporte, ya que los prototipos ayudan a definir orientaciones y directrices sobre el modelo de la nueva organización resultante que, en resumen, convertirá el Plan y *Roadmap* Ideal en el Plan y *Roadmap* Viables.

Los prototipos construidos se someten a sesiones de uso y evaluación por muestras representativas de los Clientes objetivo, en lo posible, por medio de protocolos no invasivos ni teledirigiendo el proceso hacia un resultado preconcebido. La sinceridad, honradez y ausencia de presiones ajenas a la eficiencia a medio y largo plazo del proceso en estas etapas son requisitos necesarios. Presionar a los responsables del proceso para simplificar las pruebas suele ocasionar fallos graves.

Es importante notar que la mejora no debe necesariamente obtenerse en la misma sesión de evaluación, sino en diversas iteraciones que pueden involucrar pasar de nuevo por las etapas anteriores.

Aplicación de los hallazgos

En esta fase entenderemos los resultados de aplicar los prototipados y probarlos a las diferentes partes de la compañía y comprenderemos los impactos en personas, procesos, organización y tecnología.

- **Evaluación de impactos**
  Una vez decididas las características de los productos o servicios, se tiene que analizar cómo afectan esos nuevos productos o servicios sobre la realidad actual del negocio.

  Pueden producirse desde grandes impactos, que modifican la propia esencia del negocio, hasta pequeños cambios, que siempre deben estudiarse desde el punto de vista de los cuatro elementos esenciales que hemos visto antes: Personas, Proceso, Organización y Tecnología.

  Como resultado, deben obtenerse descripciones de los impactos y borradores de planes para afrontar los cambios necesarios para situar la empresa en la nueva posición deseada.

- **Planeación de la aplicación de los impactos positivos y la reducción de los negativos**
  Deben planificarse acciones que permitan reducir los impactos negativos de la transformación así como potenciar y consolidar los positivos mediante actuaciones de todo tipo, incluidas la comunicación, capacitación, etc.

- **Elaboración de recomendaciones y directrices para la etapa de Reorganización.**
  Esta fase, se centra en la preparación de la siguiente etapa, que habla de reorganización. Debemos entender que partes de la organización actual quedan afectadas por la transformación humana y digital que se está llevando a cabo, y corregirla consecuentemente. También debemos fijar los marcos en los que deben realizarse tales cambios como consecuencia de los resultados de los test realizados.

  Es importante entender, que guiados por los valores de la ética empresarial, así como por el marco de la Responsabilidad Social Corporativa, no todo vale cuando se trata de reorganizar una empresa. Por ello, deben estar claros los límites y las directrices a seguir. Si una reorganización lleva a medidas que chocan frontalmente con la misión, visión y otras proposiciones esenciales de la empresa, es posible que cambie lo que se conoce como el propósito de la propia compañía, lo cual llevaría a un sin sentido que hay que vigilar muy de cerca.

Etapa 3: Test en Detalle

En esta etapa se comprueban los conceptos definidos en la etapa anterior, con respecto a criterios determinados, como pueden ser funcionalidad, calidad percibida, desempeño, compatibilidad o impacto sobre las normas de los procesos y sistemas existentes, factibilidad, coste, plazo, etc.

El estudio se efectúa:

- Afinando los prototipos por medio de su uso y medición:
    - Punto de vista de los Clientes.
    - Factibilidad técnica y cultural en la Empresa.
    - Concordancia con otros elementos de la Empresa (sistemas existentes, políticas, normas).
    - Grado de impacto sobre la cultura de la empresa (facilidad de cambio).
- Analizando cómo usar ampliamente los hallazgos para mejorar los procesos y los sistemas que los dan soporte. Los pilotos, los testeos de las transformaciones propuestas, ayudan a definir orientaciones y directrices sobre la etapa siguiente, el modelo de Reorganización, como vía para transformar el Plan y *Roadmap* Ideal (definidos en la Etapa 1) en el Plan y *Roadmap* Viables.

Es importante resaltar que debemos hablar de Clientes, en plural, porque, aparte de que siempre hay varias clases de Clientes externos, también deben considerarse los Clientes internos, grandes olvidados en estos tiempos, por aquello del péndulo continuo de la Tesis a la Antítesis. Mientras antes al Cliente se le decía "Esto es lo que hay, y si no te gusta, vete", ahora se le dice al empleado "Esto es lo que hay, y si no te gusta, búscate la vida" cuando no tiene ni proceso ni medios para poder realizar apropiadamente su trabajo.

Tarea 3.1 Evaluación y Mejora de los Prototipos
Los prototipos construidos se someten a sesiones intensas y amplias de uso y evaluación por muestras representativas de Clientes objetivo, por medio de protocolos no invasivos ni teledirigiendo el proceso hacia un resultado preconcebido. No se tratar de decir "¿Verdad que está muy bien?" sino "¿Qué les parece?".

La sinceridad, honradez y ausencia de presiones espurias en estas etapas son requisitos necesarios. Por ejemplo, presionar a los responsables del proceso para sobresimplificar las pruebas suele ocasionar fallos graves.

Es importante entender que la mejora no debe necesariamente obtenerse en la misma sesión de evaluación. Si se ha encontrado una deficiencia, tratar de obtener obligatoriamente la solución a esa deficiencia en el mismo momento suele producir ocurrencias, no siempre óptimas, para salir del paso, en vez de soluciones mejores.

Así mismo, la evaluación y prueba deben contar con la participación real e implicada de expertos en TI, de forma que puedan evaluar la capacidad del modelo para soportar las cargas y operativas elegidas, y de personas del nivel operativo, que deberán comprobar la funcionalidad adecuada desde el punto de vista de los procesos, usuarios y demás participantes de la empresa.

Las tareas 3.1 a 3.3 son un ciclo de: Ejecución, hallazgo de mejoras, cambio y repetición de la ejecución, por lo que pueden tener varias iteraciones, hasta lograr que se cumpla un criterio de fin fijado previamente.

Propósito
Demostrar el acierto de los prototipos o encontrar las variaciones que hay que realizar sobre ellos.

Técnicas
- Prueba de prototipos activos / pasivos.
- Diseño Colaborativo.
- *Design Thinking*.
- Revisiones estructuradas.
- Aceptación formal.
- Grupos de interés.

Interesados
- Muestra representativa de Clientes objetivo.
- Responsables de marketing.
- Responsables de diseño de productos, servicios y sistemas.

Entradas
Resultados de la etapa 2

Subtareas

- **3.1.1 Planificación de la etapa**

Salidas
Plan de ejecución y validación de resultados, con

- Responsables.
- Participantes avisados y comprometidos.
- Recursos disponibles en cada fecha.
- Métodos de trabajo en cada sesión, criterios de comienzo y criterios de finalización.

- **3.1.2 Ejecución de los tests**

Salidas
- Informe de los tests.
- Recomendaciones de cambio.
- Tests que deberán reejecutarse, por no haberse conseguido resultados concluyentes o derivados de recomendaciones de cambios.

- **3.1.3 Consolidación de los hallazgos efectuados durante los tests.**

Salidas:
- Plan de implantación de los posibles cambios.
- Modificaciones en las especificaciones de los prototipos probados.
- Especificación de nuevos prototipos.

Trampas
Falta de criterios de comienzo y fin de los tests. Pueden ser tan sencillos como:

- Alcanzada una fecha impuesta.

- Acuerdo razonado y documentado de los responsables de los tests para terminarlos.
- Falta de cambios entre iteraciones de los tests.

Recomendaciones
- Definir y documentar los planes y criterios de prueba, los resultados y la trazabilidad de resultados a requisitos afectados y recomendaciones efectuadas.
- Nombrar un responsable, ya sea una persona o un grupo reducido y eficaz, para gestionar las pruebas y acordar si están concluidas o hay que hacer más iteraciones.

Tarea 3.2 Evaluación de impactos en arquitectura del negocio, proceso de negocio, proceso de aprendizaje y procesos internos de las unidades con responsabilidad en TI.

Una vez decididas las características de los productos o servicios, se tiene que analizar cómo afectan esos nuevos productos o servicios sobre la realidad actual del negocio.

Pueden producirse desde grandes impactos, que pueden modificar la propia arquitectura del negocio, hasta pequeños cambios, que siempre deben estudiarse desde el punto de vista de los cuatro elementos esenciales comentado (Personas, Proceso, Estructura y Tecnología).

Como resultado, deben obtenerse descripciones de los impactos y borradores de planes para afrontar esos impactos y situar la empresa en la nueva posición deseada.

Propósito

No se puede aprobar una modificación sin evaluar el impacto que tiene sobre el producto, servicio o sistema cuyo prototipo se evalúa. Pequeños cambios en funciones o requisitos no funcionales (p.e tiempo de respuesta de un sistema o tiempo de entrega de un proceso físico de entrega de mercancías) pueden producir impactos enormes sobre el diseño de las soluciones para satisfacer esos requisitos. Por otro lado no cumplirlo traslada estos enormes impactos a la percepción del cliente sobre el producto o servicio recibido.

Es fácil deducir que esta tarea es crucial para garantizar que se evolucionan las cosas de modo ordenado y con control, y que se a minimizar el problema de las incompatibilidades entre varias características o que se pueda derivar a soluciones inviables por su complejidad, coste o, simplemente, porque la tecnología no las pueda soportar.

Técnicas
- Ingeniería de requisitos.
- Análisis y diseño.

Interesados
- Responsables del negocio.
- Responsables de marketing.
- Responsables de áreas de soporte.
- Responsables comerciales.
- Responsables operativos.

Entradas

Peticiones de modificaciones al producto o servicio y al conjunto de prototipos

Subtareas

3.2.1 Evaluación de la calidad de la petición de modificación: ¿Está clara, está bien documentada? ¿Hay trazabilidad hacia los elementos impactados?

Salidas
Peticiones aceptadas / rechazadas, con causa del rechazo.

3.2.2 Análisis y valoración del impacto

Salidas
- Petición de cambio ampliada con su análisis, mostrando los elementos impactados, su valoración (factibilidad, coste, complejidad, riesgos, retrasos)
- Recomendaciones para el grupo de decisión

3.2.3 Decisión (aprobación / denegación) de la petición de cambios y de los trabajos derivados de ella

Salidas
Decisión comunicada a los interesados (peticionarios y responsables de implantación de los cambios)

Trampas
Saltarse esta tarea puede ocasionar graves problemas.

Recomendaciones
- Usar rigor en los trabajos de la tarea y nombrar un responsable ordenado, metódico y capaz de resistir presiones sin ceder en su tarea.

- Es crucial que hay un mecanismo de gestión de los requisitos, que incluya la gestión de sus cambios e instrumente la trazabilidad entre requisitos y entre ellos y características de diseño.

Tarea 3.3 Planeación de la aplicación de los impactos positivos y la reducción de los negativos: nuevos procesos, modificaciones a procesos existentes, planes de capacitación, reorganizaciones funcionales

A partir de la descripción y borradores de los planes, deben analizarse y detallarse los planes indicados. En la etapa siguiente se muestra la lista de los planes que surgirán, habitualmente.

Propósito

Conseguir que la aplicación de los cambios aprobados en características y requisitos se haga de modo planificado, ordenado, controlado, con sus riesgos gestionados.

Técnicas

Planificación de trabajos que podrán volver a la tarea 2.3.1 (elaboración de un nuevo prototipo) o a alguna de las siguientes, para su realización.

Interesados
- Responsables del negocio.
- Responsables de marketing.
- Responsables de áreas de soporte (entrega de pedidos, tecnología, etc.).

Entradas
Resultado de la tarea 3.2.2.

Salidas
Planes de desarrollo e implantación de los cambios necesarios o deseables encontrados durante los tests.

Tarea 3.4 Elaboración de recomendaciones y directrices para la etapa de Reorganización.

La reorganización debe efectuarse sin salirse de unos marcos que deben fijarse ahora, ya que no todo vale cuando se trata de reorganizar una empresa. Por ello, deben estar claros los límites y las directrices a seguir.

Si una reorganización lleva a medidas que chocan frontalmente con la visión, misión y otras proposiciones esenciales de la empresa, realmente se deben cambiar esas nuevas proposiciones esenciales o se cambian las medidas de reorganización.

Propósito
Conseguir que se aplique la reorganización empleando de modo positivo todos los hallazgos de la etapa de Test (p.e. resaltar cuáles son los aspectos más importantes a gestionar la realización de la reestructuración o su orden sobre la aplicación).

Técnicas
Análisis de procesos y de la documentación previa, sobre todo el informe de la situación de inicio y los resultados de los tests.

Interesados
- Responsables del negocio.

- Responsables de marketing.
- Responsables de áreas de soporte (entrega de pedidos, tecnología, etc.).

Entradas

Todas las producidas en la iniciativa, entendidas por el equipo de gestión de la iniciativa.

Salidas

Informe de recomendaciones.

Decálogo sobre la Etapa 3 (T) Test de Prototipados

1. Si hay algo importante en esta etapa es disponer de buenos planes de pruebas, que se ejecuten, que se registren los resultados y que se comuniquen a los interesados.
2. Hay que tener cuidado con las opiniones interesadas sobre los resultados del test o prototipados, tanto a favor como en contra, por lo que deben centrarse en el cumplimiento de las hipótesis aceptadas.
3. Deben probarse todos los aspectos relativos a medios de la empresa, proceso, organización, sistemas de información, etc.
4. Si hay responsables de características concretas de productos o servicios, debe asegurarse de que exista un plan de aceptación y que se ejecute.
5. Asegúrese de que las peticiones de cambios derivadas de las pruebas lleguen al punto correspondiente de decisión, aprobación o denegación, y de que se realice el análisis de impacto para evitar que una mejora de un criterio imposibilite algún requisito.
6. Los expertos reales en pruebas son escasos y exigen perfiles humanos y técnicos de alta cualificación y especialidad, lo que implica que es un riesgo no utilizar para ello las personas apropiadas.
7. El proceso de aprobación o denegación de una petición de cambio durante esta etapa debe ser claro, viable y ejecutase realmente, sin saltarse

pasos, especialmente, con el concepto por urgencia.
8. Debe medirse el impacto esperado de los cambios sobre la calidad y la productividad, teniendo en cuenta que todos los cambios producen modificaciones temporales en estos aspectos que deben aislarse de la situación final.
9. Debe guardarse un registro de las pruebas, con todo la información al respecto, para aprender sobre el desempeño de la etapa y usarlo como orientaciones en el diseño de nuevos productos y servicios.
10. Sin lugar a duda, la lucha entre rigor, coste y plazo va a surgir, luego debe existir el mecanismo para resolver estos conflictos con prontitud.

Etapa 4 (R): Reorganización

Visión General de la Etapa

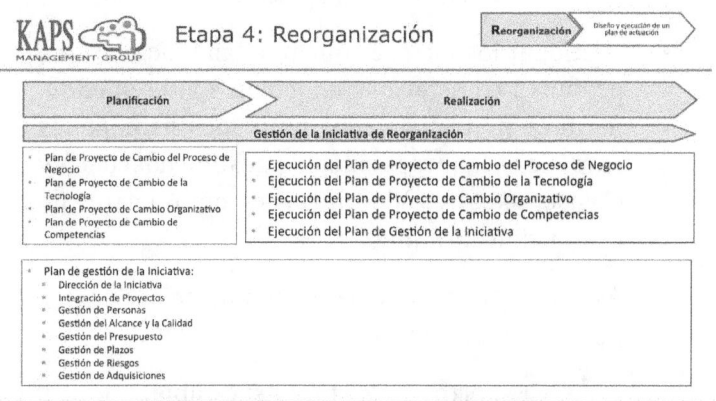

Las etapas anteriores determinan y demuestran la bondad de la estrategia de transformación. En esta etapa se procede a materializar una parte del cambio a partir de la estrategia definida. Se planea y ejecuta la realización de la transición actual de la Empresa (As Is) a la situación objetivo viable, teniendo como preocupaciones esenciales:

- Comprender y tener en cuenta que se trata de un cambio que afecta no sólo a la Tecnología, sino también a las Personas, la Estructura y el Proceso de Negocio.

- Gestionar el cambio, teniendo en cuenta:

- La comunicación,
- El control y neutralización de las reacciones negativas,
- La motivación y evangelización de las bondades,
- Asegurar que existen los recursos necesarios y apropiados.

• Gestionar los factores que puedan bloquear una profunda transformación, como son el miedo a perder el trabajo, la falta de habilidades empáticas, la incapacidad de gestión adecuada y el uso excesivo de normas como factor de contención al cambio.

• Asegurar la existencia y compromiso de los perfiles necesarios:
- Expertos en gestión del cambio
- Expertos en procesos de negocio
- Expertos en cumplimiento normativo
- Expertos en tecnología
- Entrenadores y mentores
- Expertos en emociones y motivación

• Asegurar que los proyectos progresan adecuadamente mediante *PMOs* específicas.

• Evitar los impactos negativos sobre la actividad existente, ya que es vital asegurar que el servicio actual a los Clientes y el desempeño del Negocio sufran deterioro alguno.

- Coordinar las iniciativas ya en marcha con las derivadas de la Reorganización.
- Asegurar que toda la organización recibe mensajes claros y consistentes, que permitan alinear todos los recursos involucrados: Personas, Proceso, Organización y Tecnología.
- Vigilar que se cumplan las hipótesis y los casos de negocio, así como actuar si no se cumplieran, ya sea reformulando hipótesis, corrigiendo el plan e incluso cancelando anticipadamente iniciativas con alta probabilidad de fracaso.
- Vigilar los riesgos y disponer de planes de contingencia para su mitigación.

Los resultados, intermedios y finales, de esta etapa se muestran en la lista a continuación:
- Plan de la Iniciativa de Transformación
- Plan de Proyecto de Cambio del Proceso de Negocio
- Plan de Proyecto de Cambio de la Tecnología
- Plan de Proyecto de Cambio Organizativo
- Plan de Proyecto de Cambio de Competencias
- Plan de gestión de la Iniciativa:
    - Dirección de la Iniciativa
    - Integración de Proyectos
    - Gestión de Personas
    - Gestión del Alcance y la Calidad
    - Gestión del Presupuesto
    - Gestión de Plazos
    - Gestión de Riesgos

- o Gestión de Adquisiciones
- Ejecución del Plan de Proyecto de Cambio del Proceso de Negocio
- Ejecución del Plan de Proyecto de Cambio de la Tecnología
- Ejecución del Plan de Proyecto de Cambio Organizativo
- Ejecución del Plan de Proyecto de Cambio de Competencias

Etapa 4 (R): Reorganización en detalle

Las etapas anteriores determinan y demuestran la bondad de la estrategia de transformación. En ésta, se procede a materializar el cambio a partir de la estrategia definida. Se planea y ejecuta la realización de la transición actual de la Empresa a la situación objetivo viable, teniendo como preocupaciones esenciales:

- Comprender y tener en cuenta que se trata de un cambio que afecta no sólo a la Tecnología, sino también a las Personas, la Estructura y el Proceso de Negocio.

- Gestionar el cambio (comunicación, control y neutralización de la reacción, motivación, evangelización y asegurar que existen los factores necesarios: Visión de la situación deseada, Recursos apropiados, Habilidades Humanas, Incentivos, Plan de Acción).

- Los factores esenciales que pueden bloquear una profunda transformación son: Miedo a perder el trabajo, Falta de Habilidades humanas y de gestión, uso de las normas como factor de estancamiento.

- Asegurar la existencia y compromiso de los perfiles necesarios:
    - Expertos en gestión de la transición.
    - Expertos en procesos de negocio.
    - Expertos en cumplimiento normativo.

- Expertos en Tecnología (Planificación, Ejecución, Arquitectura, Gestión).
- Entrenadores y mentores.
- Expertos en Logística y Adquisiciones.
- Asegurar que los proyectos progresan adecuadamente.
- Evitar los impactos negativos sobre la actividad existente, ya que el servicio actual a los Clientes y el desempeño del Negocio no deben sufrir deterioro alguno.
- Coordinar las iniciativas ya en marcha con las derivadas de la Reorganización.
- Asegurar que no se pierden por el camino las ideas y directrices esenciales, excepto que se camben consciente y deliberadamente.
- Asegurar que toda la organización recibe mensajes claros y consistentes, que permitan alinear todos los recursos (Personas, Proceso, Organización y Tecnología).
- Vigilar que se cumplen las hipótesis y el caso de negocio, o actuar si no se cumplen (reformulación de hipótesis, corrección del plan e incluso cancelación anticipada de la iniciativa).
- Vigilar los riesgos y actuar para su mitigación.

Se trata de planificar, dirigir, gestionar y ejecutar de modo integrado una serie de proyectos interrelacionados, por lo que las técnicas, problemas y detalle de las tareas son habituales en la bibliografía (p.e. PMBOK).

Por ello, no entraremos en el detalle de cada tarea, sino que se mencionan los resultados que deben obtenerse, se cuentan las trampas más habituales y las recomendaciones para evitarlas.

Propósito
Ejecutar de modo controlado, dirigido y evitando los riesgos, la iniciativa definida y planificada en las etapas previas.

Técnicas
Las habituales en la planificación, dirección, gestión y ejecución de proyectos, no sólo de TI.

Interesados
Toda la organización.

Entradas
Salidas de la etapas previas.

Salidas
- Plan de la Iniciativa de Transformación
- Plan de Proyecto de Cambio del Proceso de Negocio
- Plan de Proyecto de Cambio de la Tecnología
- Plan de Proyecto de Cambio Organizativo
- Plan de Proyecto de Cambio de Competencias
- Plan de Comunicación de la Iniciativa
- Plan de Gestión de la Iniciativa:
- Dirección de la Iniciativa
- Integración de Proyectos
- Gestión de Personas
- Gestión del Alcance y la Calidad

- Gestión del Presupuesto
- Gestión de Plazos
- Gestión de Riesgos
- Gestión de Adquisiciones
- Ejecución del Plan de Proyecto de Cambio del Proceso de Negocio
- Ejecución del Plan de Proyecto de Cambio de la Tecnología
- Ejecución del Plan de Proyecto de Cambio Organizativo
- Ejecución del Plan de Proyecto de Cambio de Competencias
- Ejecución del Plan de Gestión de la Iniciativa

Trampas

Las más habituales suelen ser:

- Creer que es una iniciativa de Tecnología, dirigida, gestionada y ejecutada por Tecnología, lo que producirá una grave disfunción al no tener en cuenta los factores humanos ni organizativos. Comprar un producto informático ayudará a la transformación, pero no es la transformación.
- Creer que se trata de una serie de proyectos que se lanzan por unidades diferentes, con coordinación nominal, no real, basada en reuniones en las que se dice o que todo va bien o que los problemas existentes no son graves, que se solucionarán (acto de fe), sin explicar cómo y sin responsables, con nombre y apellidos de su solución. Tampoco suele llevarse un registro formal de los problemas y

amenazas, que se gestionan y controlan formalmente.
- Inexistencia de hitos reales y comprobación de que se cumplen: todo se fía a lo que dice un responsable, en vez de a comprobar las evidencias del hito.
- Olvido o menosprecio del caso de negocio; se piensa que sirve para justificar el lanzamiento de la iniciativa y que, una vez lanzada, es imparable, cuando la realidad es que el caso de negocio es la piedra de toque para comprobar si sigue siendo interesante hacer la transformación o si es mejor tirar a la basura el esfuerzo realizado hasta un momento, que seguir con una iniciativa cuyas premisas y beneficios esperados no van a cumplirse.
- Olvido de las personas afectadas, ya sea de la empresa (los que quedan, los que se van y los que deben transformarse) y de los Clientes, que deben recibir información real sobre la transformación.

Recomendaciones
- La gestión integrada de todos los proyectos de la iniciativa es crucial: si no se hace, se tendrá al final un bonito rompecabezas, cada pieza de las cuales es buena, pero que no encajan en absoluto.
- La dirección de la transformación debe efectuarse por personas del más alto nivel de la empresa, asesoradas por quienes precisen, pero

sin abandonar la responsabilidad y la supervisión en los asesores.
- Los hitos deben ser medibles y demostrables. Nunca es un hito "haber terminado una tarea", sino tener disponibles, verificables y aceptados todos los resultados de esa tarea.
- Debe existir un responsable del seguimiento del caso de negocio, que compruebe que se cumplen las expectativas, que se evitan los riesgos que podrían hacer inviable la transformación y que se alcanzan los indicadores intermedios señalados. Ese responsable es una persona, no un comité, ayudado por las personas que precise y con capacidad de reporte al director de la transformación, no a los responsables de los proyectos que la constituyen.
- Asegurarse de dirigir y gestionar la comunicación de la iniciativa hasta el final, no sólo en el lanzamiento.

Decálogo sobre la Etapa 4 (R) Reorganización

1. Las transformaciones afectan de forma importante a Personas, Estructura, Proceso y Tecnología, por lo que debe haber una fuerte coordinación entre los directivos responsables de su gestión para asegurar el correcto alineamiento.
2. No existe transformación sin afectación a la organización existente.
3. La transformación debe realizarse minimizando los impactos negativos sobre el negocio en curso, y los planes debe considerar ese impacto.
4. Uno de los impactos más importantes de la Transformación Digital tiene que ver con las nuevas capacidades que debe adquirir la organización y de cómo se depuran las estructuras obsoletas o poco eficientes después del cambio.
5. Debe vigilarse el impacto que la reorganización va ocasionando sobre los indicadores esenciales y las variables del caso de negocio, y tomar decisiones para corregir sus desvíos.
6. Las transformaciones suelen afectar a personas y organizaciones de fuera de la empresa, ya sean Clientes o proveedores, por lo que deben recibir información sobre los cambios, cómo les afecta, y cómo adaptarse a la nueva situación.
7. Cualquier falta de sincronismo entre los diferentes planes aplicados, puede parar el negocio de la empresa, con un gravísimo impacto en la reputación y la satisfacción de los Clientes.

8. Algunos de los planes, como por ejemplo, los de capacitación de personas o adquisición de nuevas competencias, pueden exigir plazos importantes, por lo que deben ejecutarse con la antelación necesaria.
9. Es muy importante la gestión de las emociones, su flujo y su resultante en la organización y funciones nuevas propuestas.
10. El cambio de la organización previa a la propuesta debe ser adaptativa y nunca disruptiva, de forma que no se produzcan vacío de poder o continuidad en los procesos.

Es muy importante gestionar los riesgos que se vayan produciendo, tener planes de contingencias, alineamiento con los objetivos y reorientación.

Etapa 5 (A): Aprendizaje

Visión General de la Etapa

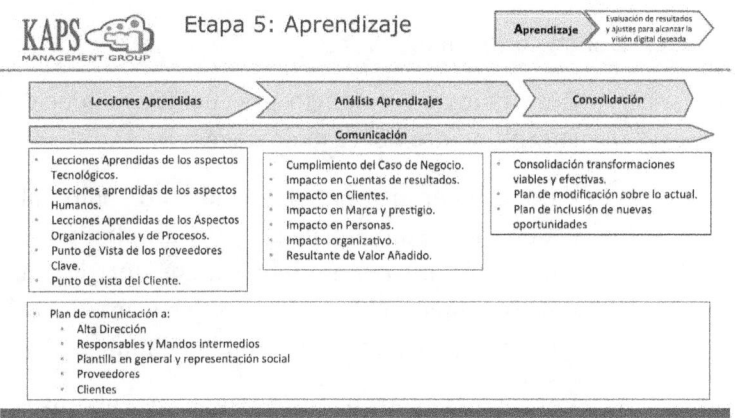

Como en todo proceso de cambio, hay que asegurarse de que todo marcha como habíamos previsto y procurar que las cosas que se han hecho bien se puedan reutilizar en el futuro, y que el análisis de los problemas que hayan surgido en la transformación sirva para que se puedan prever, prevenir o detectar y solucionar de forma temprana los posibles futuros problemas.

La supervisión y el control del cumplimiento de las hipótesis y la evolución correcta de la iniciativa de cambio ya han estado presentes a lo largo de la etapa de Reorganización, por lo que parte de la información ya estará disponible. Esta nueva etapa asegura que se consigue toda la información para evaluar el éxito de la iniciativa y que se registra, se cataloga, se hace accesible a las personas que pudieran precisarla en el futuro y se comunica a quienes deban conocerla.

Esta metodología cierra sus etapas con la evaluación formal y final, con la inclusión de la información del proyecto y las lecciones aprendidas en el repositorio documental de la organización.

Deben comprobarse:

- Resultados del Negocio producidos, es decir, cumplimiento del caso de negocio.

- Valor generado satisfactorio, no sólo el económico, sino en el sentido amplio tal y como especifica el modelo Kaplan-Norton. En nuestra metodología es esencial medir el valor desde la perspectiva de los Clientes.

- Respetar las estrategias de Negocio, Personas, Sistemas de Información y Tecnología.

- ROI de la transformación: el balance coste / beneficio / riesgo ha sido satisfactorio.

- Logro del *Roadmap* Viable: la transformación no sólo produce resultados sino que asegura que esos buenos resultados durarán y que la organización será resiliente y adaptable

- Mecanismo de Gobernanza de la información, implantado en sus apartados Responsabilidad, Estrategia, Adquisiciones, Cumplimiento Normativo, Gestión del Desempeño y Conducta Humana.

- Información de gestión sobre que la iniciativa está implantada, tiene la calidad necesaria, puede accederse de modo controlado y se ha comunicado dónde está y cómo puede usarse.

Etapa 5 (A): Aprendizaje en Detalle

Como en todo proceso de cambio, hay que asegurarse de que todo marcha como estaba previsto, procurar que las cosas que se han hecho bien se puedan reutilizar en el futuro, por toda la organización, y que el análisis de los problemas que hayan surgido en la transformación sirva para que se puedan prever y prevenir o detectar y solucionar temprano los posibles futuros problemas.

La supervisión y el control del cumplimiento de las hipótesis y la evolución correcta de la iniciativa de cambio ya han estado presentes a lo largo de la etapa de Reorganización, por lo que parte de la información ya estará disponible. Esta etapa asegura que se consigue toda la información para evaluar el éxito de la iniciativa y que se registra, se cataloga, se hace accesible a las personas que pudieran precisarla en el futuro y se comunica a quienes deban conocerla.

PETRA cierra sus etapas con la evaluación formal final con la inclusión de la información del proyecto y las lecciones aprendidas en el repositorio documental de la organización.

Actuaciones de la etapa

- Revisión de los Resultados del Negocio producidos (cumplimiento del caso de negocio).

- Revisión del Valor generado (no sólo el económico, sino valor amplio, como especifica el modelo Kaplan-Norton. En nuestra metodología es esencial medir el valor desde la perspectiva de los Clientes.

- Comprobar que se han respetado las estrategias de Negocio, Personas, Sistemas de Información y Arquitectura de TI

- Comprobación del ROI de la transformación: el balance coste / beneficio / riesgo ha sido satisfactorio.

- Comprobación de que se logró el *Roadmap* Viable: la transformación no sólo produce resultados sino que asegura que esos buenos resultados durarán y que la organización será resiliente y adaptable. El concepto de empresa antifrágil es muy útil para estos tiempos de cambios y turbulencias.

- Comprobación de que se ha implantado un Mecanismo de Gobernanza de la información implantado, en sus apartados Responsabilidad, Estrategia, Adquisiciones, Cumplimiento Normativo, Gestión del Desempeño y Conducta Humana.

- Resultados aceptados por sus responsables.

- Comprobar que se ha escrito y se custodia, de modo accesible para su uso futuro, la información del proceso de transformación.

Propósito

Comprobar los resultados y aprender para el futuro, sobre el resultado de la transformación y sobre el proceso de transformación. Si hay algo seguro en el siglo XXI es que el mecanismo de cambio o de transformación se deberá usar varias veces, en el futuro, y con intervalos de tiempo cada vez menores, por lo que la capacidad de adaptarse y de transformarse es crucial para la supervivencia de la empresa.

Técnicas
- Revisión.
- Verificación.

Salidas
- Informes de las comprobaciones y revisiones efectuadas.
- Evaluaciones de los resultados y del proceso de transformación.
- Recomendaciones para futuras iniciativas.
- Modificaciones en manuales de políticas, normas y procedimientos.

Trampas

La esencial es la de conformarse por no haberlo podido hacer mejor y quedarse en una declaración de buenos propósitos. Es importante tener una autocrítica constructiva, como pasó en el fallo del acelerador en algunos modelos de Toyota, y en la reacción de cómo esta compañía lo gestionó.

Recomendaciones

Aspectos esenciales que se deben revisar:
- Valoración de los interesados principales.
- Cumplimiento de fechas impuestas.
- Impactos en fechas sobre la iniciativa ocasionados por terceros.
- Impactos internos en fechas.
- Alcance respetado o cambiado: Causas.

- Gestión de riesgos efectuada.
- Control de costes.
- Participación de personas y organismos.
- Dirección de la iniciativa.
- Gestión de la Iniciativa.
- Lecciones aprendidas para la empresa, los proyectos y los procesos.

Catálogo de Técnicas

La transformación es una iniciativa que se materializará en una iniciativa (varios proyectos fuertemente integrados) y un modo de dirección y gestión, durante la iniciativa y a lo largo del funcionamiento posterior de la empresa, que exige, esencialmente, técnicas de:

- Dirección
- Gestión
- Mejora Continua
- Análisis
- Diseño
- Ejecución de proyectos y las tareas que los constituyen

Técnicas:
- Para la evaluación de la organización:
    1. Todas las necesarias para efectuar un análisis de la empresa. Esencialmente:
        o Modelación de información
        o Modelación y evaluación de procesos (estratégicos, tácticos y operativos) de la empresa

- Análisis de los procesos de decisión
- Reuniones y entrevistas estructuradas
- Sesiones de análisis de problemas y oportunidades de mejora
- Análisis y revisión de sistemas de medición y sus métricas
- Estudio de los climas laboral y emocional
- Análisis de Clientes
- Análisis de los procesos de comunicación con Clientes y otros actores.

- Para conocer el estado del mercado:
    1. Modelo de las 5 fuerzas de Porter
    2. Análisis estructural (p.e. con Micmac o AHP)
- Para evaluar la situación digital
    1. Benchmark con empresas líderes del sector y líderes absolutas
- Para evaluar la capacidad para la transformación
    1. Análisis de factores necesarios / factores existentes en la empresa

- Para bosquejar los modelos de negocio.
    1. *Business Model Canvas*
    2. Cadena de Valor de la Empresa
- Para medir los indicadores esenciales de la empresa
    1. BSC actual y propuesto
    2. Cuadros de Mando Estratégico, Tácticos y Operacionales
- Para conocer el estado de los sistemas de soporte al negocio:
    1. *Application Portfolio Management*
- Para dirigir y gestionar la Transformación:
    1. Dirección y Gestión de Proyectos
- Para conocer el estado de las personas de la empresa:
    1. Cuestionarios sobre Clima Laboral y Clima Emocional
    2. Modelo *e-competences*
- Análisis Causa- Efecto
- Proceso de Planificación Estratégica (contiene algunas de las citadas)
- Modelos de Arquitectura
- Evaluación de la Usabilidad
- Sesiones de creatividad

- Método KJ (de Kawakita Jiró)
- Métodos de extracción y refino de requisitos
- *Creative Thinking*
- Diseño de Espacios de Trabajo (Reales y Virtuales)
- Círculos de Calidad (ampliados a otros fines)
- ¿Organización matricial auténtica? ¿Inorganización?
- Medición del capital intelectual
- *Benchmarking*

Trampas en la transformación
- No hay patrocinio del Consejo de Administración.
- No están claras y escritas las responsabilidades y atribuciones de los participantes.
- La estrategia no está claramente definida y comunicada a todos los interesados.
- No hay liderazgo de la transformación por personas con poder, capacidad y actitud decidida.
- No se definen los elementos esenciales de la empresa: Misión, Visión, Principios y Valores.
- No se controla que se respeten los elementos esenciales de la empresa: Misión, Visión, Principios y Valores.
- No se aterrizan los planes en la realidad: en las etapas iniciales está muy bien ser ambicioso, pero pocos pueden alcanzar la Luna.

- Mala comunicación con afectados, participantes y otros interesados. Café para todos, sin tener en cuenta la actitud, el poder (formal e informal) y el impacto que reciben distintas clases de personas:
    - Los necesarios /los que deberán cambiar
    - Los que mandan / los que reciben órdenes
    - Los que influyen o convencen a otros
    - Los que ejecutan tareas
    - Los que hacen que puedan ejecutarse las tareas (*enablers*)
    - Los que pueden detener la transformación.

    Posibles controles y soluciones:

    - Catálogo y caracterización detallados de los receptores de información
    - Nombramiento de responsable de la comunicación
    - Medición de la retroalimentación generada por la comunicación
- Falta la válvula de seguridad: la empresa piensa que no habrá cortocircuitos, o boicots, y no se asegura de comprobar los resultados *in situ, sino que confía en la Sala de Dirección.*
- Se piensa que ya existen, en la empresa, todas las capacidades y conocimientos necesarios
- Debe haber planes, mecanismos y responsables de dirección y gestión de:
    - Riesgos
    - Motivación.
    - Valor a largo plazo para la empresa: sólo preocupa la cuenta de resultados del próximo semestre.

- o Alcance. No está claro que está dentro y fuera de la transformación.
- o Calidad: sólo preocupa el coste y los plazos.
- o Avance de la transformación. Se miden los recursos consumidos, pero no los logros conseguidos.
- No hay indicadores estratégicos. Sólo operativos y alguno táctico.
- La transformación degenera en n proyectos poco integrados, que por separado funcionan perfectamente, pero cuya integración resulta nefasta y discordante.
- El caso de negocio se convierte en una "historia" (¿o un cuento?) que se escribe para lanzar la transformación, pero no se dirige ni se gestiona que se cumpla o que se modifique. No hay ningún responsable de su cumplimiento.
- No hay caso de negocio, no se ha comunicado a todos los interesados o no hay nadie responsable de su logro.
- Falta de sinceridad al formular la situación de partida.
- No se hace el análisis de la situación de partida ("Los que contamos para la transformación ya sabemos cómo está, así que el tiempo empleado en ponerlo por escrito es un despilfarro").
- No se conoce la capacidad de la empresa para asumir la transformación (modelo de madurez o similar) y se piensa que se va a poder hacer en menos tiempo o y con menos recursos que las empresas que estaban capacitadas y lo hicieron.

- Se piensa que la transformación trata de Tecnología y que debe dirigirse por el Director de Tecnología.
- Se piensa que la transformación trata de dinero y que debe dirigirse por el Director Financiero.
- No se lograr entusiasmar a los afectados.
- No se entiende ni se emplea al concepto de Arquitectura de Empresa, guiada por los flujos de materiales, productos servicios y, esencialmente, información.
- No hay adecuación entre persona y responsabilidad en puestos esenciales para la transformación: se piensa que el puesto de trabajo da la aptitud y la actitud, y no se asegura de ello.
- Los indicadores previstos para la transformación son inapropiados (No existen, son irrelevantes, son escasos o excesivos o no están estructurados ni ponderados).
- No hay hitos reales para comprobar el avance.
- Se introducen cambios "alegremente" sin analizar su impacto. Depende de quién los proponga, se aceptan o se rechazan inmediatamente.
- Reuniones ineficaces e ineficientes.

Elementos a considerar para evaluar la madurez de la empresa para afrontar la Transformación

No puede abordarse la Transformación si no hay sinceridad, visión integral y sensación de pertenencia de las personas a la empresa y al proyecto que plantean (en vez de a MI unidad y a MI puesto).

Del mismo modo, si no hay liderazgo, conocimiento y competencias, estrategia, capacidad de trabajo y adaptación y arquitectura de sistemas y sistemas que dan soporte a las actividades del negocio, hay que prever que se deben lograr esos elementos, como parte de la transformación.

Hay bastantes modelos de madurez de las empresas, y muchos más de la tecnología o de parte de la tecnología de las empresas, por lo que vale la pena usar alguno de los ya existentes.

Como ejemplos útiles, citaremos tres:
1) El modelo mostrado en el libro de Uhl y Goliena citado en la bibliografía, que menciona 3 criterios (Grado de preparación de la TI, Grado de preparación del Proceso y Grado de preparación de la Organización), cada uno con cuatro frases que describen la situación de la empresa, en cuatro posibles niveles. Es un modelo muy sencillo y muy potente si hay sinceridad para no retorcer las palabras que emplea y reconocer, por ejemplo, que si las políticas están en un manual que conoce menos del 1% de las personas de la organización, quiere decir que no hay políticas.
2) Un modelo detallado de la capacidad de aprendizaje de la empresa, esencial para poder hacer la transformación, desde el punto de vista organizativo y humano, que puede verse en[30]. Este modelo, complementado con algún

---

[30] https://www.tagoras.com/learning-business-maturity-model/

cuestionario sobre madurez tecnológica[31], de los que hay varias decenas, puede ser muy útil cuando se tema que las preguntas genéricas (como las que usan el ejemplo anterior, van a obtener respuestas sesgadas). Las respuestas a preguntas muy concretas suelen ser más fáciles de comprobar.

3) Un modelo específico de madurez de una empresa para poder efectuar la transformación, patrocinado por el Gobierno de Canadá, que puede verse en http://pubs.opengroup.org/architecture/togaf 9-doc/arch/chap30.html y que puede usarse fácilmente. Es un punto intermedio entre los dos anteriores y está específicamente pensado para la transformación.

---

[31] Por ejemplo, A Maturity Model for Assessing the Digital Readiness of Manufacturing Companies

Decálogo sobre la Etapa 5 (A) Aprendizaje

1. Debe recopilarse toda la información del proceso de transformación de forma que sea factible su análisis.
2. Es muy importante verificar los cambios en los indicadores para poder tomar las decisiones adecuadas.
3. Se aprende de los éxitos, pero se aprende aún más de los fracaso, por lo que es necesario detectarlos y entender como se corrigieron.
4. No es buena política la búsqueda de culpables, por el contrario, la recompensa de los logros es emocionalmente más poderosa.
5. Los aprendizajes deben dividirse en áreas tales como procesos, personas, organizaciones, tecnologías, clientes y proveedores.
6. Se debe tener claro que esta etapa debe ser el principio de la siguiente iteración de transformación y, por lo tanto, parte del alimento de la Etapa 1.
7. Hay que recopilar toda la información sobre las trampas en las que hemos caído en el proceso de transformación para evitarlas en el futuro.
8. Las lecciones aprendidas deben ser compartidas a lo largo de toda la organización, los clientes y los proveedores.
9. Nos deben guiar tres ejes en el aprendizaje: comportamiento del negocio, comportamiento de los empleados y proveedores, y comportamiento de nuestros clientes.
10. Parte del aprendizaje es el cierre del proyecto y su celebración.

Epílogo

Este libro predica con el ejemplo. No es una obra terminada y rematada, sino que, como dice PETRA, es un prototipo que, tras su contraste con la realidad, evolucionará y ampliará, por ejemplo, los detalles de las etapas que se encuentren más interesantes, para tratar de no escribir el enésimo libro sobre cosas que ya están escritas y analizadas hasta la quinta derivada, sino que presente nuevas ideas, perspectivas y responda a las demandas de los interesados.

Esperamos sus ideas, sugerencias y peticiones, para ayudarnos a conseguir un libro realmente útil. Por el contrario, no cambiarán las ideas esenciales acerca del pensamiento humano y de las empresas para las personas, como esencia de todos los negocios y todas las organizaciones gubernamentales o no, con o sin ánimo de lucro. En eso hemos basado nuestros principios y, al contrario de lo que decía Groucho Marx, no tenemos otros.

Durante unos cuantos decenios las escuelas de negocios y las grandes consultoras han puesto de moda un modo de pensamiento en el que se tratan las empresas y sus interesados como sistemas asépticos, deshumanizados, libres de emociones, al estilo del mítico film *Metrópolis* de Fritz Lang, y dispuestos a intercambiar, sin dudarlo, el bienestar de decenas de miles de personas por el beneficio a toda costa y cortoplacista que imponen los famosos mercados. La consecuencia: deforestación, contaminación salvaje, destrucción del valor de las empresas, pérdida del conocimiento en las empresas, cientos de millones de parados en el mundo, etc. Todo esto no parece importar demasiado si la cuenta de resultados del semestre tiene buena pinta.

Durante los años 80, Mike Hammer habló de la reingeniería empresarial o de procesos con frases como "...hay que estar dispuesto a partir las piernas de quien haga falta..." y otras lindezas similares. Posteriormente, la predominancia exclusiva de los financieros en las empresas ha llevado a que sólo se consideren los factores económicos a corto plazo, con un impacto aterrador sobre muchas empresas y personas.

Las empresas son, al menos por ahora, organismos inventados por personas, dirigidos por personas, utilizados por personas y, sin embargo, se olvidan sistemáticamente los factores humanos de las empresas, no sólo con sus empleados y colaboradores de la cadena da valor (por ejemplo, con imposiciones a los proveedores de bajadas sobre el presupuesto del 10% anual), cuando se sabe que ello generará sin lugar a dudas efectos demoledores en las relaciones y resultados totales a medio y largo plazo.

En el sector de la Informática (Tecnologías de la Información actualmente) se ha visto y se ven, en toda su crudeza, esos modos de comportamiento, que han degenerado en una pérdida imparable del valor de los sistemas de información de muchas grandes empresas, una pérdida de valor que no parece notarse porque no se mide, pero que es enorme a medio plazo. Siguen haciéndose grandes despilfarros, incluso en tiempos de recortes económicos, porque un sistema inútil por su esencia, o simplemente porque no se usa, es como tirar el dinero directamente a la basura. Para solucionar tal devastación, se reducen drásticamente las retribuciones a las personas y empresas que participan en el desarrollo de tales sistemas, cuando el problema no está en el coste del desarrollo y operación, sino que no se obtienen los retornos o beneficios reales que se habían formulado en sus casos de negocio iniciales. Si un proyecto genera un beneficio de 50 millones, poco importa si cuesta un millón o un millón y medio. Sin embargo, se dedica mucha más atención al control del coste que al control del beneficio que, en muchas empresas, simplemente no se efectúa.

PETRA quiere profundizar en el logro de beneficios reales para la empresa y para todos los interesados, precisamente resaltando los aspectos emocionales y metodológicos de gerencia y gestión, bajo una perspectiva nueva e innovadora.

Juan Pardo Martínez

Director de Consultoría de

KAPS Management Group